Laith Habeeb
Mustafa Ahmed
Ahmed Sadeq

Solidworks para Engenharia Mecânica

Laith Habeeb
Mustafa Ahmed
Ahmed Sadeq

Solidworks para Engenharia Mecânica

para os níveis iniciante e intermédio

ScienciaScripts

Imprint
Any brand names and product names mentioned in this book are subject to trademark, brand or patent protection and are trademarks or registered trademarks of their respective holders. The use of brand names, product names, common names, trade names, product descriptions etc. even without a particular marking in this work is in no way to be construed to mean that such names may be regarded as unrestricted in respect of trademark and brand protection legislation and could thus be used by anyone.

Cover image: www.ingimage.com

This book is a translation from the original published under ISBN 978-3-659-86698-2.

Publisher:
Sciencia Scripts
is a trademark of
Dodo Books Indian Ocean Ltd. and OmniScriptum S.R.L publishing group

120 High Road, East Finchley, London, N2 9ED, United Kingdom
Str. Armeneasca 28/1, office 1, Chisinau MD-2012, Republic of Moldova, Europe
Managing Directors: Ieva Konstantinova, Victoria Ursu
info@omniscriptum.com

Printed at: see last page
ISBN: 978-620-8-56920-4

Conteúdo

Agradecimentos 2
Capítulo1 : Descrição geral 3
Capítulo2 : Esboço a duas dimensões 10
Capítulo3 : Desenho tridimensional de peças 20
Capítulo4 : Modificar peças 3D 26
Capítulo5 : Fichas de desenho 35
Capítulo6 : Realização de montagens 39
Capítulo7 : Sugestões avançadas do solidworks 53
Capítulo8 : problemas selectivos 63
Referências 136

Reconhecimento

Os autores agradecem à equipa da Dassault Systems pelo seu maravilhoso pacote de software e esperamos que este se espalhe por todo o mundo. Em geral, o Solidworks é um pacote de software CAD mecânico que permite controlar vários parâmetros de conceção de peças e aplicá-los aos conjuntos. Além disso, o Solidworks fornece excelentes ferramentas de montagem que abrangem uma vasta gama de métodos de acoplamento de conjuntos mecânicos complexos (técnicas padrão e avançadas). O pacote também inclui a simulação de movimentos e cargas em peças ou conjuntos de desenho sob vários tipos de carga, tais como casos mecânicos e térmicos, denominados Solidworks motion e Solidworks simulation.

Capítulo 1: Descrição geral

O Solidworks 15 é um software de desenho mecânico tridimensional que contém várias caraterísticas, como o desenho isométrico de peças individuais, bem como vistas e secções padrão de peças na folha de desenho.

O Solidworks é um programa funcional paramétrico que permite controlar vários parâmetros de design de peças e aplicá-los às montagens. Independentemente da complexidade do item que está a ser criado, o processo de criação é fácil e segue os mesmos passos básicos. Primeiro, é criado um *esboço* que é transformado numa *caraterística de base*. A caraterística de base é depois aperfeiçoada através da adição de caraterísticas que adicionam ou removem material da caraterística de base.

Além disso, o Solidworks fornece excelentes ferramentas de montagem que abrangem uma vasta gama de métodos de acoplamento de conjuntos mecânicos complexos (técnicas padrão e avançadas).

Outra vantagem do software é uma enorme biblioteca de projectos que fornece várias peças mecânicas normalizadas, como engrenagens, rolamentos, parafusos, anilhas, etc., tanto no sistema ANSI (SI e sistema de unidades britânico) como em várias normas internacionais. A biblioteca de desenho contém também várias fichas de dados de materiais que contribuem para a análise dos parâmetros de desenho mecânico

Além disso, o pacote de software inclui a simulação de movimentos e cargas em peças ou conjuntos de desenho sob vários tipos de carga, como casos mecânicos e térmicos, designados Solidworks motion e Solidworks simulation.

1-1 ECRÃ PRINCIPAL DO SOLIDWORKS

Ao iniciar o Solidworks, o software apresenta três opções de desenho:

1- Desenho da peça.

2- Desenho de montagem

3- Folha de desenho bidimensional

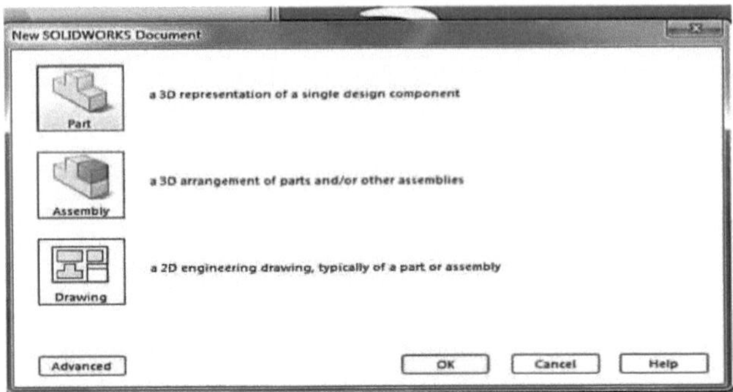

Ao selecionar o desenho de montagem, devem ser fornecidas peças pré-concebidas para iniciar a montagem, bem como especificar a opção de folha de desenho que fornece as principais vistas e secções normalizadas das peças e montagens concebidas.

O ecrã principal de desenho de peças do Solidworks contém vários ícones e barras de ferramentas que facilitam a obtenção das formas desejadas, incluindo

1- Barra de menus

2- Conteúdo do Solidworks

3- Barra de ferramentas da vista frontal

4- Árvore de conceção do gestor de recursos

5- Barra do gestor de comandos Biblioteca de projectos

6- Barra de ferramentas de acesso rápido.

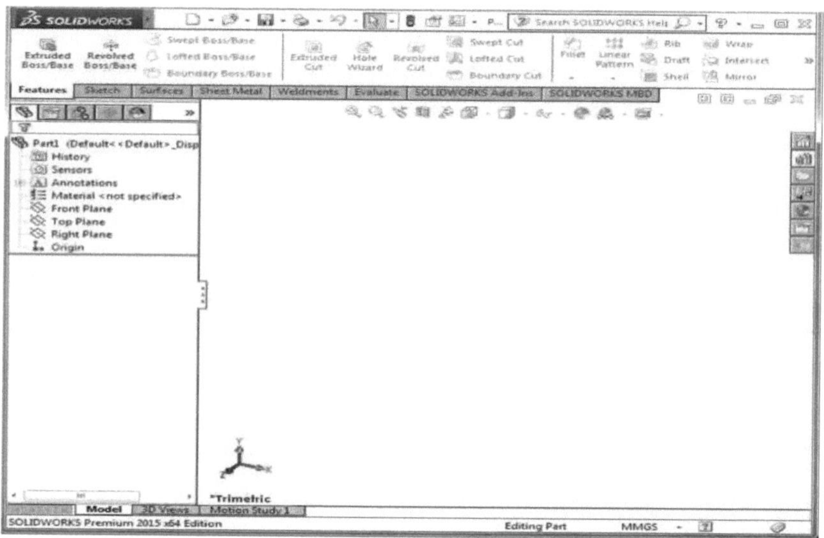

1.2 Barras de menu e de acesso rápido

Contém o ficheiro básico do solidworks para criar e abrir ficheiros existentes, controla também as especificações do esboço dos desenhos, tais como o tipo de letra das linhas, o estilo das dimensões, etc., e visualiza as barras de ferramentas necessárias para completar o desenho.

1.3 Árvore de conteúdos do Solidworks

No lado direito do ecrã de desenho, a árvore de conteúdos fornece a biblioteca de desenhos e a caixa de ferramentas de peças desenhadas. A biblioteca de desenhos fornece várias peças pré-concebidas realizadas por várias técnicas, tais como a conformação de chapas metálicas, a moldagem, a fresagem, etc.

A caixa de ferramentas fornece peças mecânicas padrão, como engrenagens, rolamentos, parafusos, porcas... etc. para ativar o conteúdo da caixa de ferramentas através da barra de menus + Ferramentas + suplementos + navegador da caixa de ferramentas.

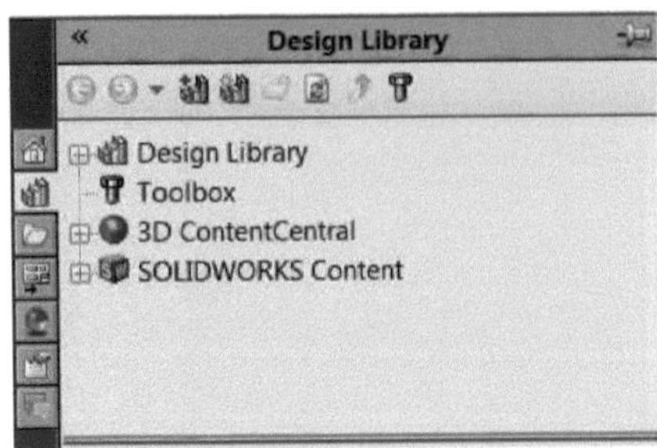

O ícone de ajuda do Solidworks fornece vários tutoriais de formação para principiantes

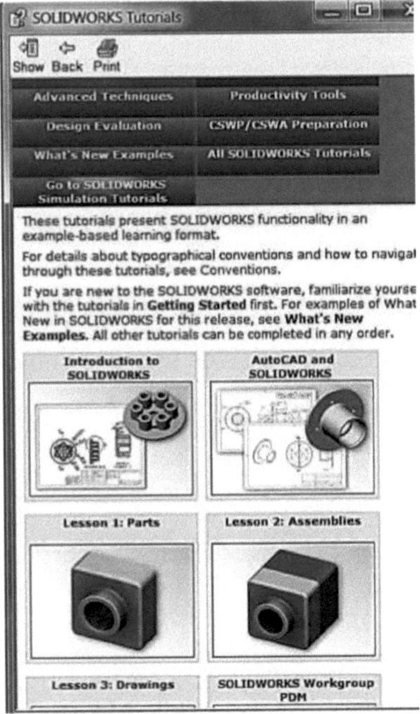

1.4 Barra de ferramentas do Heads-Up View

Esta barra de ferramentas localizada no topo da área de desenho de esboço utilizada para especificar as caraterísticas da vista de esboço inclui:

1- Zoom para caber: aumentar ou diminuir o esboço de acordo com as suas dimensões para caber no ecrã

2- Zoom para área: ampliar parte do esboço

3- Vista anterior: voltar à última vista

4- Vista seccional: criar uma vista seccional isométrica temporária através de um dos planos principais do esboço, que é a localização predefinida no meio.

5- Orientação da vista: rotação e zoom do esboço em várias direcções:

1. Vistas frontal e traseira.
2. Vistas superior e inferior.
3. Vistas à direita e à esquerda.
4. Vistas isométricas, diametrais e trimetrais.

Além disso, o ícone de orientação da vista divide o ecrã do esboço horizontalmente ou verticalmente até quatro divisões e mostra uma vista separada para o esboço.

6- Aspeto: especificar o material, a cor e o brilho da peça (todas as faces ou faces selectivas)

7- Aparência: especificar o fundo do ecrã de esboço.

8- Ocultar/mostrar itens: controla a visibilidade dos itens do esboço assistente, tais como eixos temporários, ponto de origem, relações de esboço, etc. etc.

9- Estilo de visualização: controla o estilo de visualização do esboço sombreado ou da estrutura de arame.

10- Vista de anotação dinâmica: as anotações só aparecem na vista de orientação do esboço.

1.5 Árvore de design do Feature Manager

Localizada no lado esquerdo da área de desenho, organiza e descreve sequencialmente o contorno do desenho de esboço e os passos de modelação.

Esta árvore contém o nome da peça/montagem + a biblioteca de especificações de materiais (apenas para a peça do furo) através do clique com o botão direito do rato +

material + editar material.

Além disso, a árvore contém os três planos de desenho principais (plano frontal, plano superior e plano lateral direito) que podem ser visualizados ou ocultados através de RMC no plano + ocultar ou mostrar e também os nomes dos planos podem ser alterados através de F2 + alterar nome

Ao aplicar ordens de esboço múltiplas, a régua de retrocesso incluída na árvore de desenho é utilizada para regressar à ordem de esboço mais recente para a anterior.

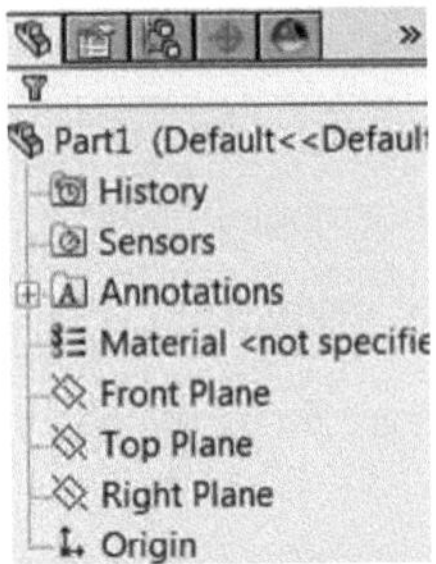

1.6 Barra de ferramentas do Command Manager

Abaixo da barra de menu encontram-se os principais comandos de esboço bidimensional e tridimensional, os mais importantes são:

1- O ícone de esboço: efectua o esboço básico de uma peça bidimensional.

2- Ícone de caraterísticas: conversão de um esboço bidimensional numa peça tridimensional real.

3- Ícone de superfícies: criar peças através do esboço de superfícies.

4- Ícone de chapa metálica: formação de corpos de chapa metálica

5- Ícone das soldaduras: fabrico de peças através de processos de soldadura

6- Ferramentas de renderização: gerar imagens a partir de um decreto parcial

7- Simulação: efetuar a simulação do efeito de cargas e tensões em peças projectadas.

Os comandos acima ilustrados podem ser mostrados ou ocultados da barra de gestão de comandos através de RMC + select (ok)

Para criar um novo ícone de comando RMC + no ícone do gestor de comandos + personalizar o gestor de comandos (CM) + será apresentado um novo separador vazio no CM + clicar nas preferências de comandos e arrastar para o novo separador vazio.

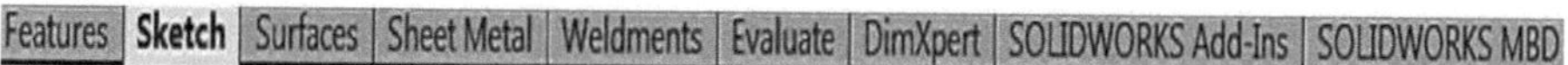

Para mostrar as barras de ferramentas do Solidworks, aceda a **Ferramentas + personalizar**

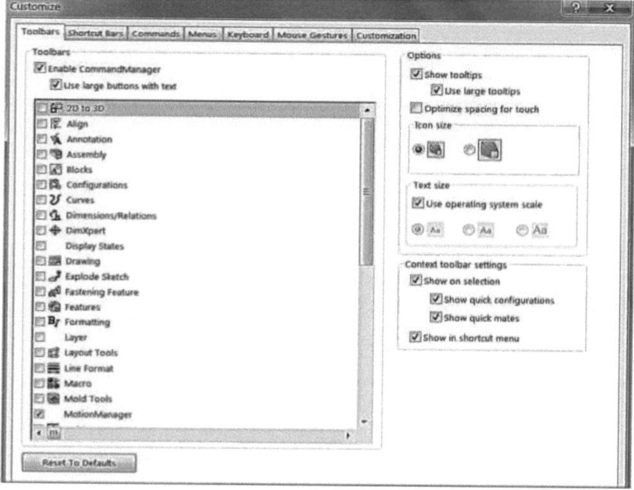

O separador de comandos na barra de personalização pode ser utilizado para adicionar ou remover ícones das barras de ferramentas

Capítulo 2: Esboço a duas dimensões

O comando de esboço contém figuras diversas, para carregar mais RMC (CM) + personalizar + ícone de comando + arrastar e largar figura de esboço na barra de ferramentas de esboço.

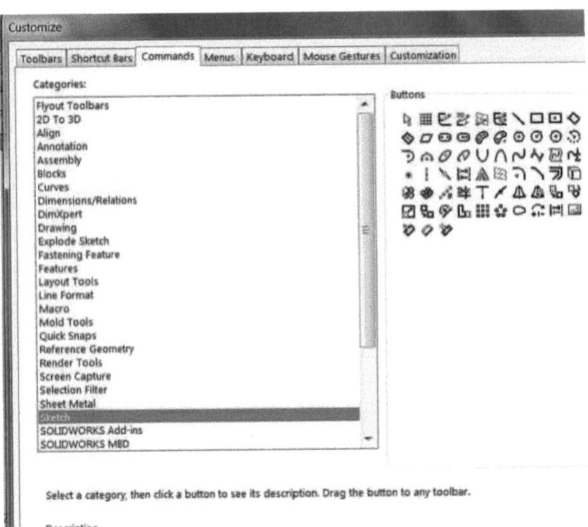

O esboço básico das peças pode ser efectuado especificando o plano do esboço principal desejado através de RMC (no plano) + normal a + editar esboço.

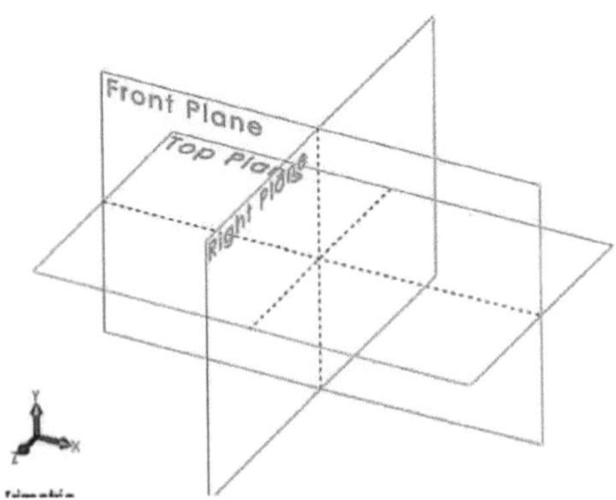

A propriedade paramétrica do Solidworks permite iniciar e terminar o esboço e, em seguida, aplicar-lhe dimensões. Durante o desenho, a figura do esboço será apresentada a azul, o que significa que não está totalmente definida em termos de dimensões e da sua localização a partir do ponto de origem. Depois de aplicar as dimensões através do separador de dimensão inteligente na barra de ferramentas do esboço, a figura do esboço fica a preto. Agora o esboço está totalmente definido e pronto para ser convertido numa peça real a 3 dimensões. Peça. O ícone de reconstrução incluído na barra de menus seria útil para definir completamente o esboço, bem como a sua função principal para completar a construção de toda a peça.

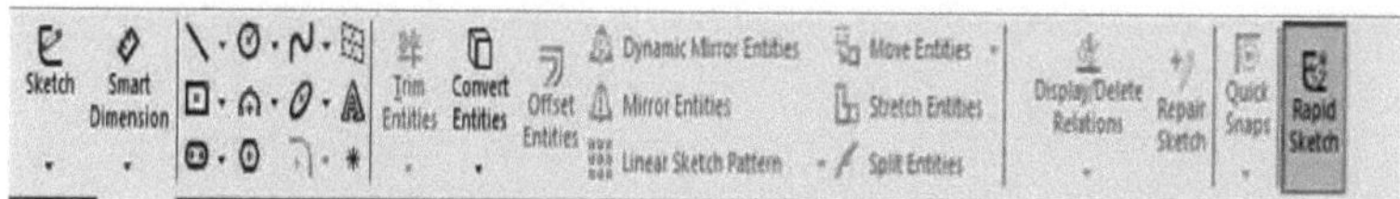

Para especificar as unidades das dimensões do esboço através das opções da barra de menus, vá a **documentos propriedades + unidades**

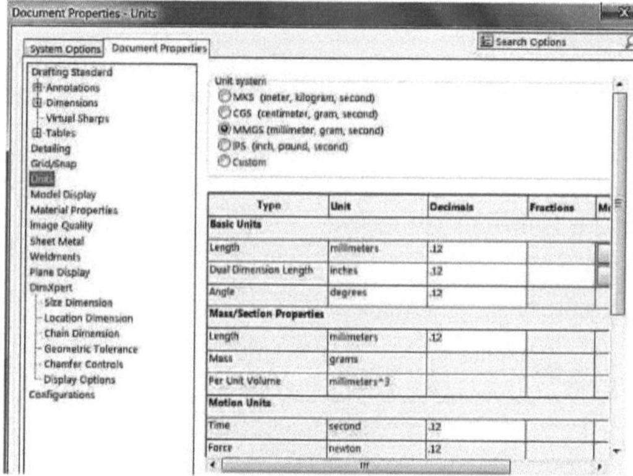

2.1 Relações de esboço

Uma das ferramentas mais úteis é a definição de relações entre figuras de esboço, tais como coincidentes, paralelas, tangentes, etc., através de um clique na figura e, em seguida, premir e manter premida a tecla Z no teclado + clicar na segunda figura, aparecerá um menu de propriedades à esquerda que fornece opções para a relação pretendida. As relações de esboço também podem ser eliminadas através do ícone de visualização/eliminação de relações na barra de ferramentas do esboço.

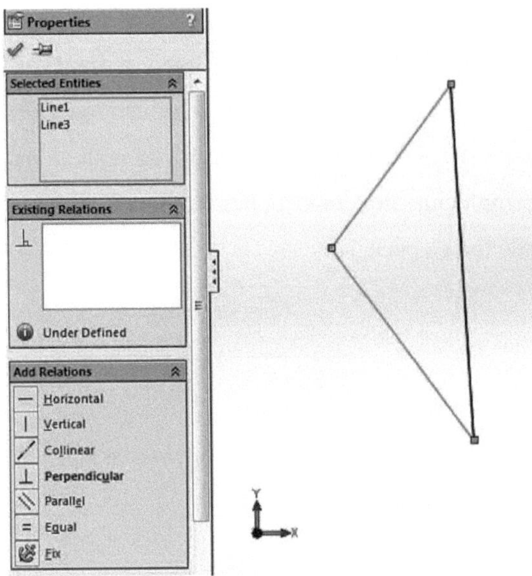

Para ver as relações do esboço e os eixos temporários, vá ao separador ocultar/mostrar itens na barra de ferramentas da vista frontal

E clique nos ícones Ver eixos temporários e Esboçar relações.

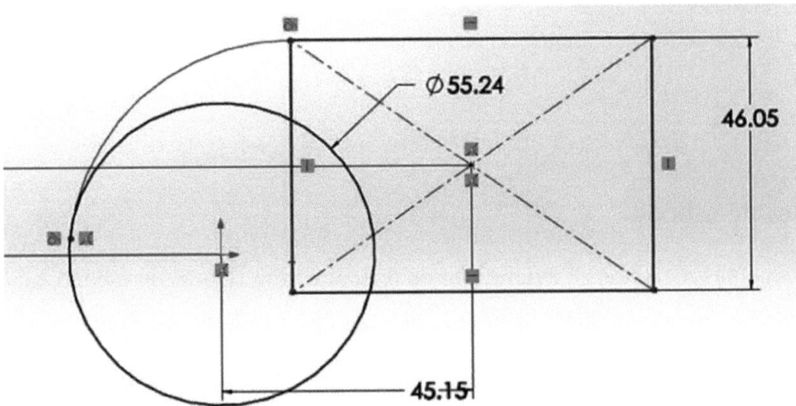

2.2 Desvio de esboço

A ferramenta de deslocação no Solidworks oferece várias opções para a deslocação de figuras, que são

5. Fazer a construção de base: a figura original será tracejada.
6. Selecionar cadeia: selecionar figuras sequenciadas.
7. Inversa e bidirecional: direção de desvio exterior ou interior ou ambas.

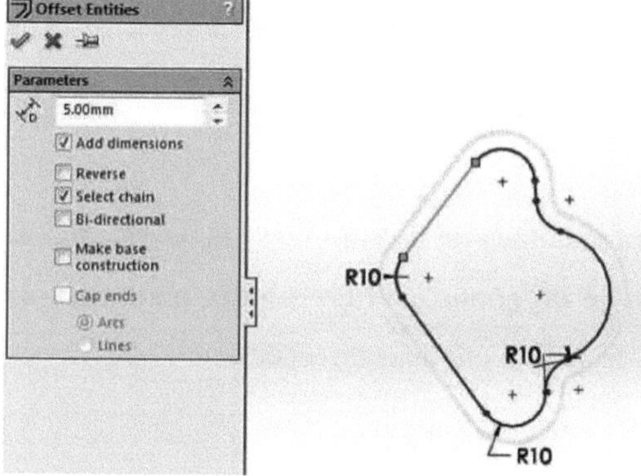

2.3 Sketch Mirror e Dynamic Mirror

Esta ferramenta depende da linha de espelho especificada, a diferença é que o espelho dinâmico funciona enquanto desenha figuras instantaneamente.

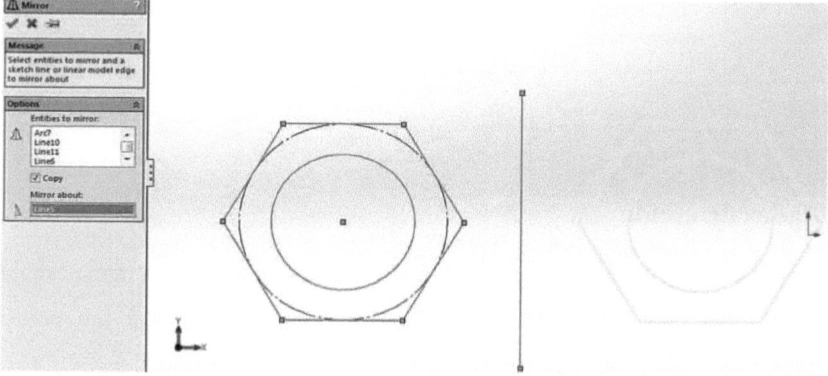

2.4 Padrão de esboço

Fazer uma sequência repetitiva para os segmentos de esboço bidimensionais, seja um padrão linear ou circular. Para o linear, o número de números do padrão mais a distância do padrão na direção horizontal e/ou vertical. Enquanto que o circular requer um ponto selecionado (arbitrário ou coincidente com um esboço) para o padrão, bem como o grau do padrão e o número de vezes.

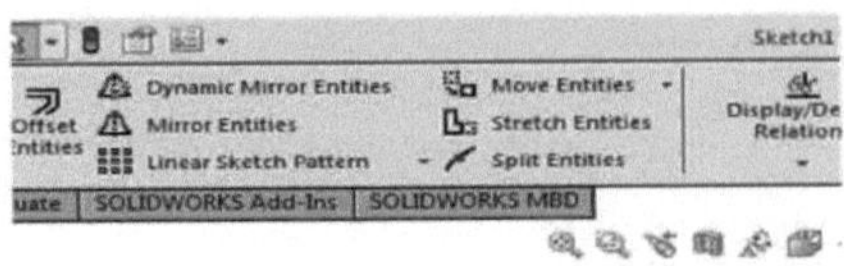

2.5 Copiar entidades

A técnica de cópia no Solidworks é implementada de duas formas: especificando as coordenadas do ponto de início da cópia e do ponto final do esboço, para além da direção da cópia, ou identificando o deslocamento em duas direcções.

São adoptados os mesmos critérios para as **entidades móveis.**

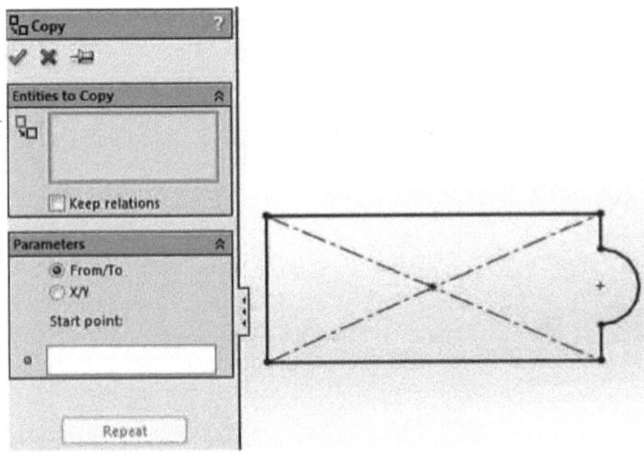

2.6 Entidades de escala

Esta funcionalidade permite ampliar ou reduzir os segmentos de esboço numa escala especificada, com a capacidade de modelar os esboços à escala até um ponto especificado.

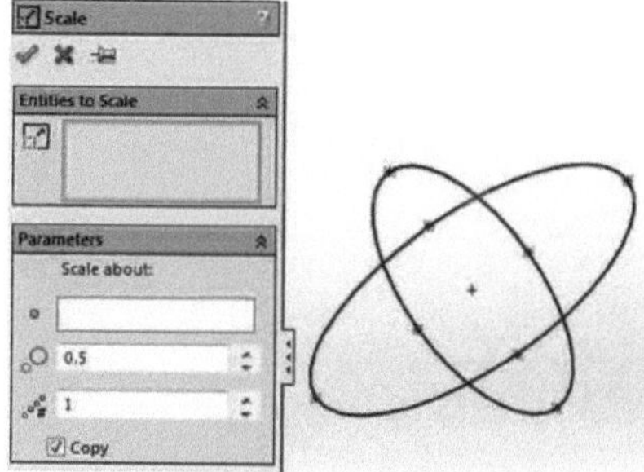

2.7 Entidades de estiramento

Realizar o alongamento de um segmento de esboço a partir de um ponto especificado através de uma distância limitada. Em qualquer direção. Esta propriedade deve ser executada após a definição completa dos segmentos de sketch.

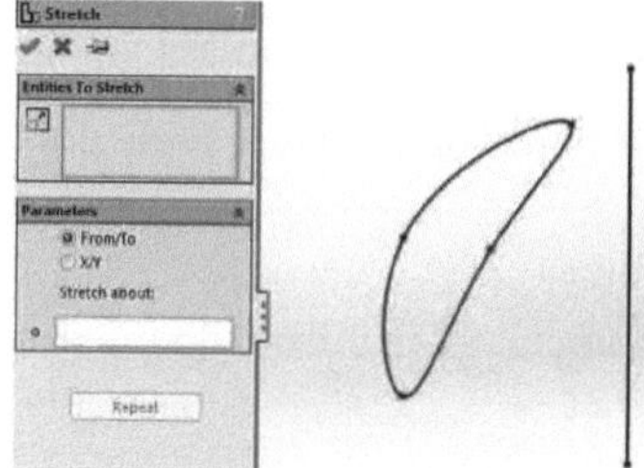

2.8 Entidades divididas

Fazer divisões a qualquer segmento de sketch atribuindo pontos arbitrários no sketch.

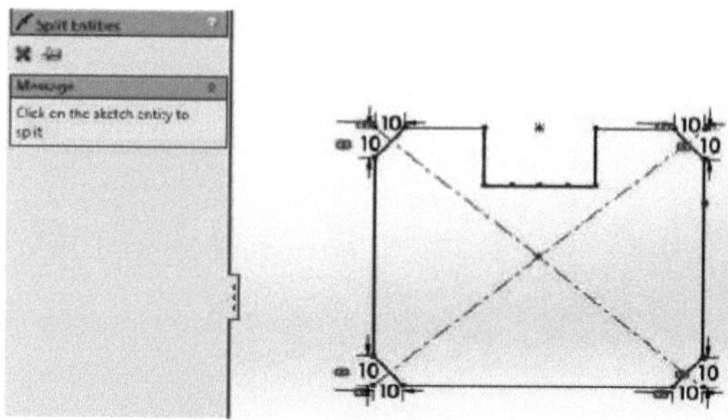

2.9 Rodar entidades

Fazer a rotação do esboço em torno de um ponto especificado através de um ângulo limitado (positivo ou negativo).

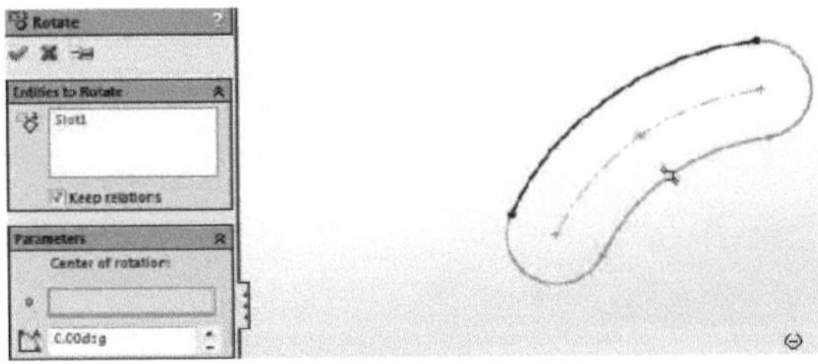

2.10Estender entidades

Incluída no sub-menu de entidades de corte, esta ferramenta faz uma extensão a um esboço ao longo de uma direção especificada até intersectar com o esboço mais próximo.

2.11Esboço de filete/chambão

O sketch muito comum modifica as ferramentas que são amplamente utilizadas no software CAD. O filete pode ser aplicado especificando o ponto de intersecção de dois segmentos de reta e o raio do filete.

O chanfro pode ser efectuado através da definição da distância do chanfro e do raio ou de duas distâncias do chanfro (iguais ou não).

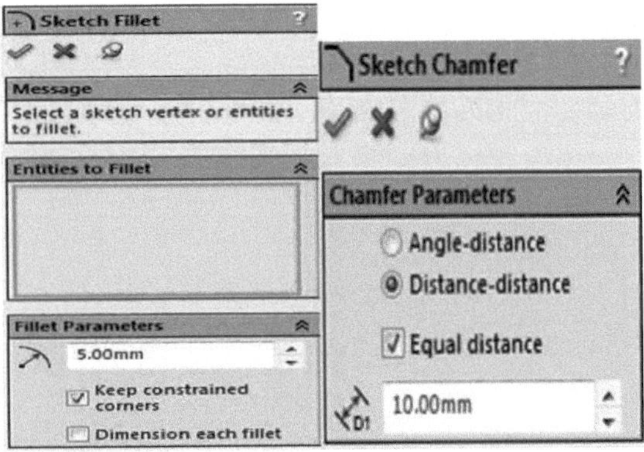

2.12Guarnição de esboço

A ferramenta de corte é utilizada para cortar os pontos positivos nos desenhos, existem cinco métodos de corte no solidworks:

1- Power trim: o método de trim mais utilizado, através do clique e arrastamento do rato em qualquer segmento para trimar automaticamente.

2- Corte de canto: especificar dois segmentos e depois cortar os impulsos para efetuar um canto agudo.

3- Aparar no interior: o segmento de corte fica entre dois outros segmentos selecionados.

4- Trim outside: semelhante ao trim inside, mas o segmento pulsado está fora dos segmentos desejados.

5- Cortar para o mais próximo: cortar qualquer parte do segmento para o mais próximo.

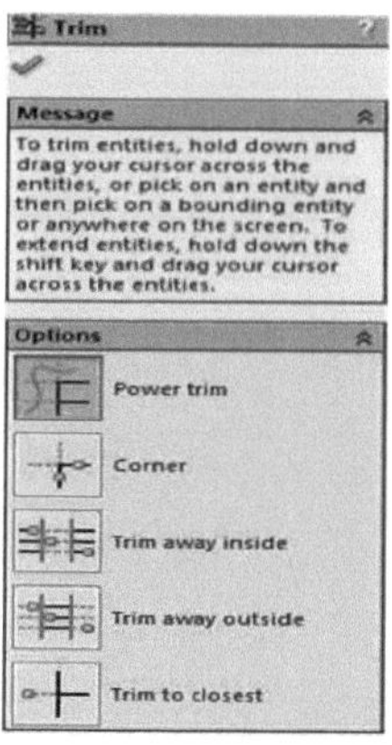

2.13Dimensionamento de esboços

A ferramenta de cotagem do solidworks segue um sistema de rastreio para evitar que as cotas se repitam mesmo que sejam incluídas indiretamente no desenho. Basicamente, existem quatro métodos de cotagem:

1- Dimensão inteligente: o solidworks detecta automaticamente o tipo de dimensão necessária.

2- Dimensão vertical/horizontal.

3- Ordenar a dimensão: colocar as dimensões sequencialmente a partir do ponto de origem na horizontal, vertical ou inclinada.

4- Dimensão do comprimento da trajetória: especificar uma trajetória constituída por vários segmentos de esboço para especificar o seu comprimento total (como uma cadeia). Este comprimento de trajetória pode ser alterado clicando duas vezes na sua dimensão e alterando-a.

Uma vez que o Solidworks é um software paramétrico, não permitirá efetuar dimensões repetitivas como as apresentadas, dando um erro sobre-definido.

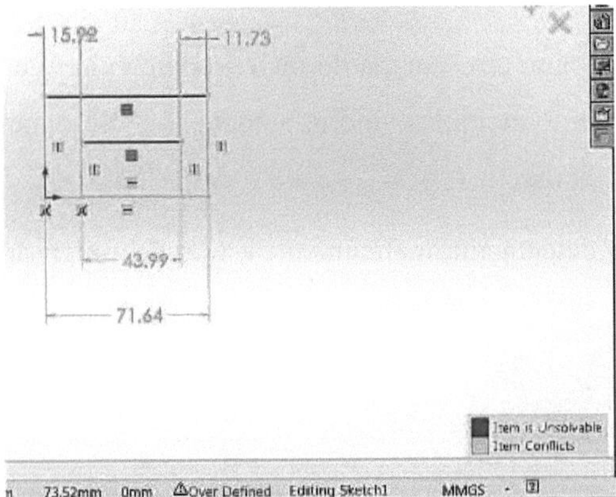

2.14Esboço rápido

Permite que o plano do esboço seja alterado dinamicamente.

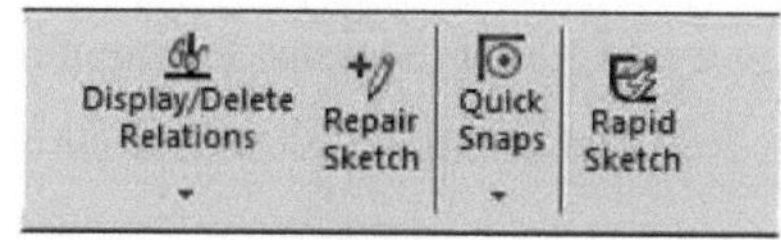

Capítulo 3: Desenho tridimensional de peças

O desenho tridimensional pode ser realizado através do esboço de um desenho 2D ou 3D num ou mais planos selecionados e aplicar um ou mais dos processos de comando de caraterísticas para obter o desenho desejado. Os comandos de features mais comuns são:

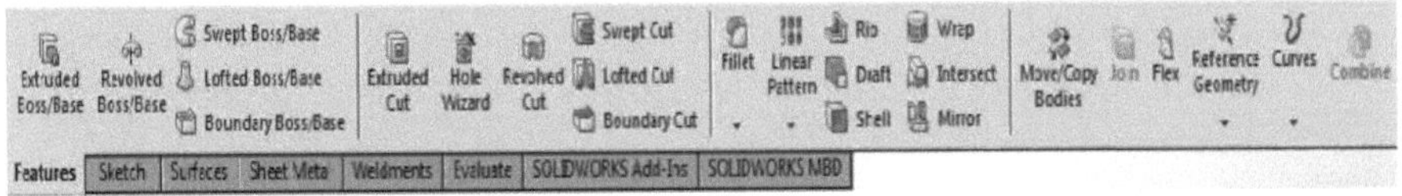

3.1 Geometria de referência

Esta ferramenta ajuda a criar planos e eixos arbitrários associados a alguns comandos de caraterísticas.

1- **Planos:** a criação de planos pode ser feita através da seleção de referências únicas ou múltiplas (planos principais, linhas ou vértices) e da aplicação de relações com elas, tais como

8 . Perpendicular a um plano ou reta

9 . Paralelo a um plano ou a uma superfície

10 . Coincidentes numa linha ou vértice

11 Distância de um plano ou de uma superfície.

12 Inclinação de um ângulo em relação a uma reta ou plano.

13 Plano médio Seleção de dois planos paralelos para criar um plano entre eles.

14 Plano tangente ao arco.

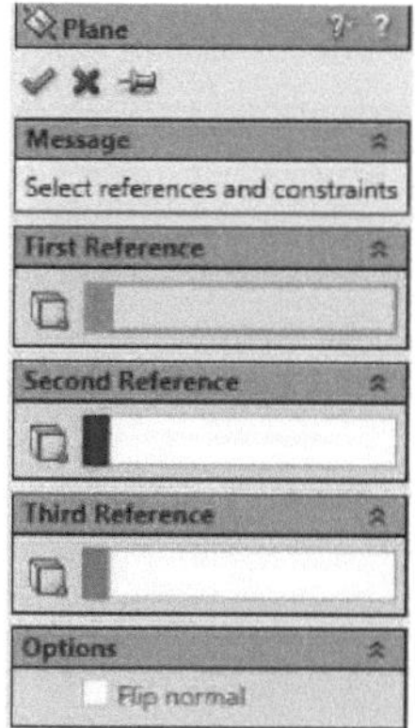

2- **Eixos:** uma linha de eixo pode ser criada através de vários métodos, tais como:

15 Intersecção de dois planos

16 . Conversão de arestas de linhas em eixos.

17 .fazer um eixo que passa por dois vértices, uma reta e um vértice .... etc.

18 .fazer com que o eixo passe por um ponto e um plano de face (normal a ele)

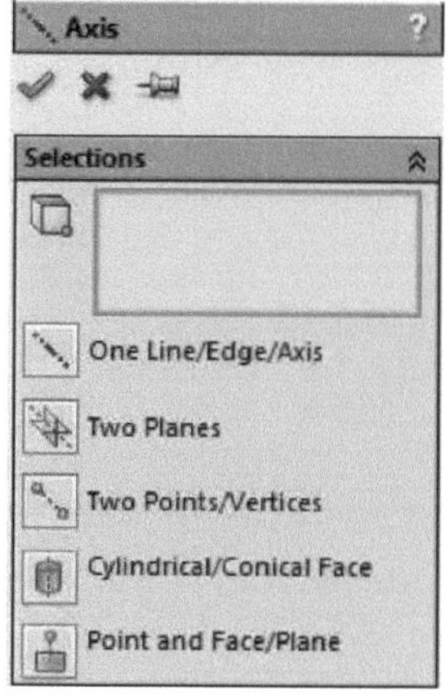

3.2 Chefe de extrusão:

Este é o principal comando para converter o esboço 2D em peça 3D através dos seguintes passos:

1- Identificar o início da extrusão a partir do plano de

esboço/superfície/superfície/plano/vértice ou deslocar distância do plano de esboço em direcções opostas.

2- Dar as direcções 1 e 2 da extremidade da extrusão através de qualquer uma delas:

19.Blind (distância especificada).

20. até ao vértice

21.até à superfície

22. desvio em relação à superfície

23 Até ao corpo

24 .Mid plane (o esboço será extrudido igualmente em ambas as direcções lineares)

3- Especificar a direção da extrusão (por linhas ou eixos).

4- Para a extrusão esboçada, especificar o ângulo de esboço (para dentro ou para fora)

5- Especificação dos contornos extrudidos (esboço de regiões fechadas).

6- Para peças ocas, a ferramenta de **perfil fino** é utilizada para especificar a espessura e a direção necessárias.

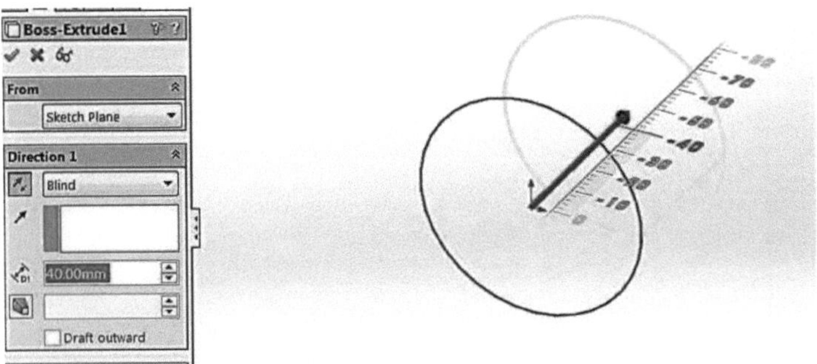

Para modificar a extrusão RMC o comando de extrusão da árvore de desenho e selecionar **editar caraterística** o mesmo método é utilizado para modificar o esboço.

Depois de aplicar a extrusão a um esboço, a ferramenta de **conversão de entidades** na barra de comandos do esboço converte a face extrudida num esboço, podendo assim ser executado um comando de caraterística adicional.

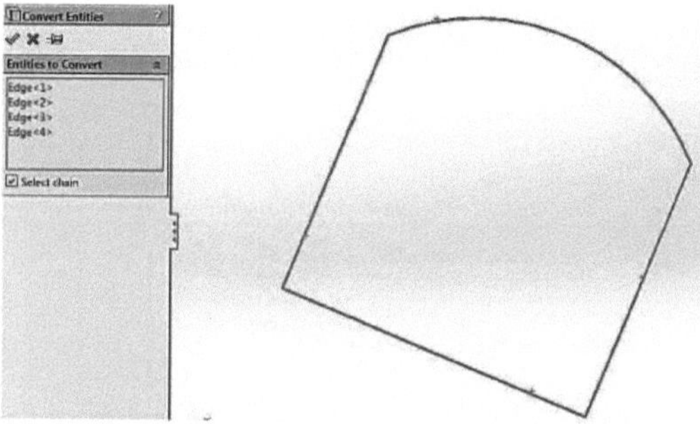

3.3 Revolve Boss:

O comando da caraterística revolve é para arredondar o esboço à volta de uma linha fixa (ambas formando um contorno fechado) de várias maneiras:

1- Cego (através de um ângulo especificado).

2- Até ao vértice.

3- Até à superfície.

4- Afinar a caraterística adicionando ou subtraindo espessura ao perfil do esboço numa direção ou em duas.

5- Plano médio, identificando e visualizando um plano selecionado e ajustando o ângulo de rotação da rotação.

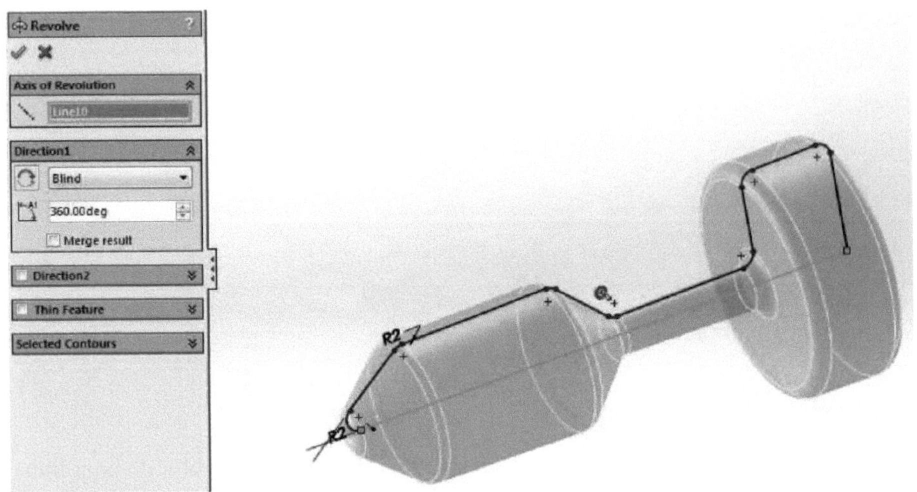

3.4 Chefe da varredura:

A varredura é um processo de extrusão de um perfil esboçado num plano através de um caminho constante (uma linha ou um arco...etc.) selecionado noutro plano. Onde o caminho deve ser intersectado com o perfil e normal a ele. O Sweep tem várias opções para realizar multitarefas, tais como:

1- Orientação/tipo de torção: selecionar entre seguir a trajetória, manter a normal constante (para perfil curvo constante) ou perfil torcido ao longo da trajetória.

2- Curvas de guia: o desenho de uma curva especifica a mudança de perfil no final.

3- Tangência de início/fim do perfil em relação à trajetória.

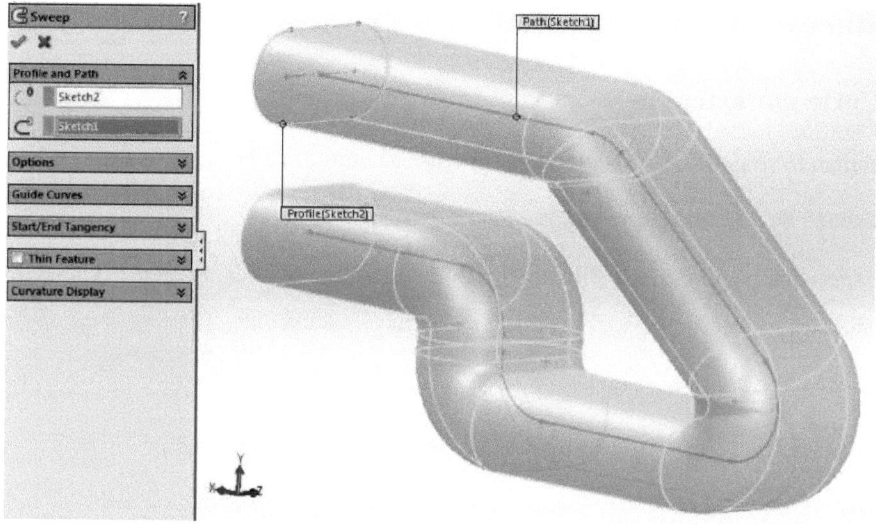

3.5 Chefe de loja

O loft é a extrusão de dois esboços (pelo menos), cada um localizado num plano diferente, controlado ou não através da curva guia. Ao completar os esboços, o mesmo ponto adjacente localizado em cada esboço deve ser selecionado para executar o loft ou os perfis de esboços inteiros.

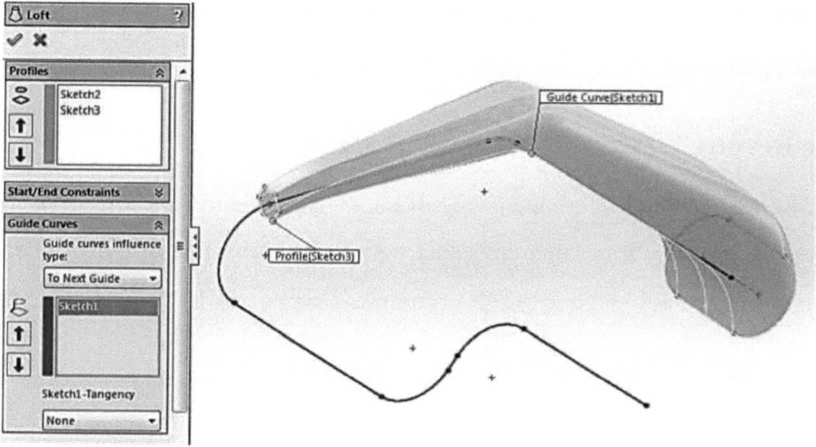

Capítulo 4: Modificar peças 3D

4.1 Corte por extrusão

Este comando só pode ser executado para peças 3D através da especificação:

1- Esboço de desenho para ser cortado por extrusão.

2- Especificar o início e o fim do corte de extrusão (o mesmo que o chefe de extrusão).

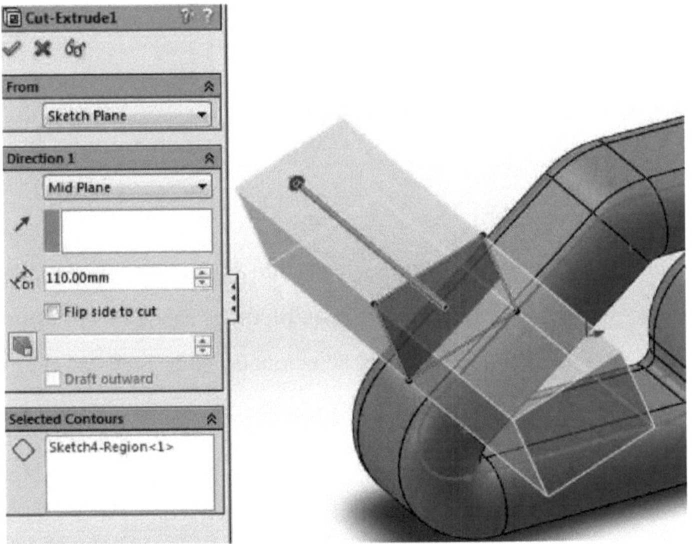

4.2 Corte Revolve

O corte revolve é semelhante à ferramenta revolve boss, fazendo um corte arredondado de um esboço à volta de uma linha constante com todas as opções disponíveis no revolve boss.

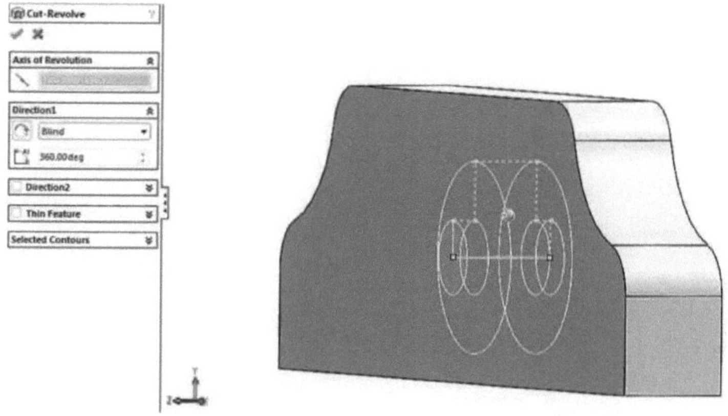

4.3 Corte varrido

Fazendo um corte por extrusão de um esboço como um perfil dentro de uma peça 3D através de um caminho especificado, existem dois métodos de corte por varrimento:

1- Varrimento do perfil, como referido acima.

2- Varrimento sólido: este tipo é realizado através do esboço de uma segunda peça cilíndrica extrudida ou rodada através de um caminho tangente selecionado que intersecta a primeira peça esboçada.

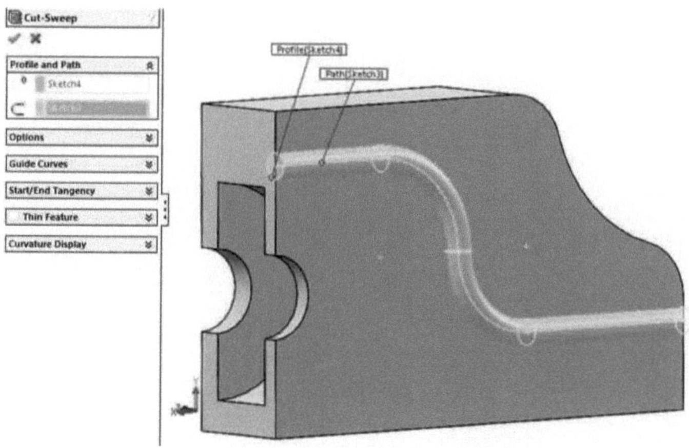

4.4 Corte Loft

O mesmo que as caraterísticas de bossas de loft, exceto que é realizado numa peça 3D, os planos dos esboços devem situar-se através do material sólido.

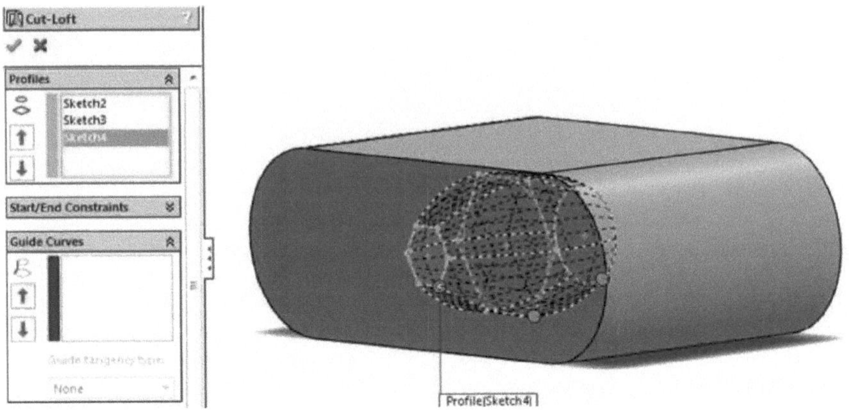

4.5 Instantâneo 3D

Uma ferramenta importante que permite efetuar alterações instantâneas a qualquer processo de extrusão.

4.6 Espelho 3D

O espelho tridimensional pode ser aplicado a esboços, corpos ou superfícies através de um plano visível selecionado.

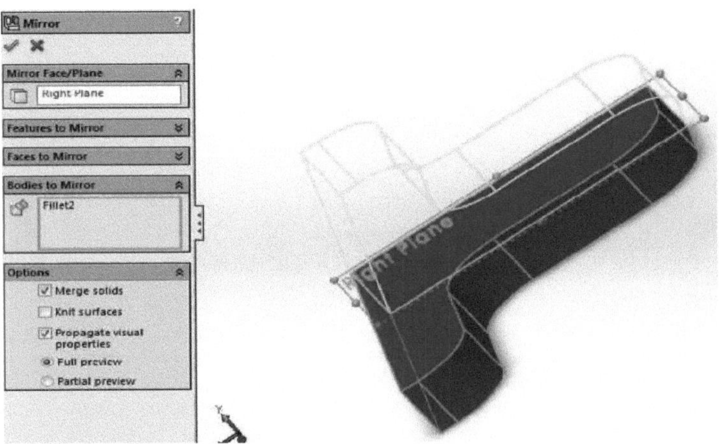

4.7 Padrão 3D

Existem quatro tipos de padrões tridimensionais, incluindo esboços, corpos ou rostos:

1- Padrão linear: direção longitudinal do padrão, identificando os caminhos do padrão e os tempos do padrão. Verificando que as peças inclinadas não podem ter um padrão linear.

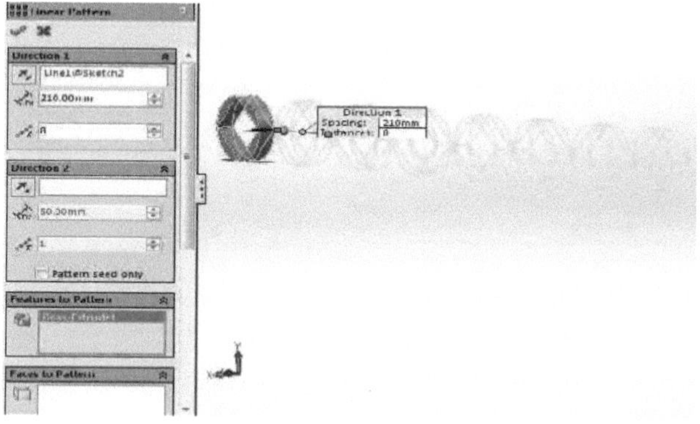

2- Padrão circular: selecionar uma referência de padrão circular (como uma aresta) + n.º de tempos de padrão para além da caraterística, peça ou face modelada pretendida.

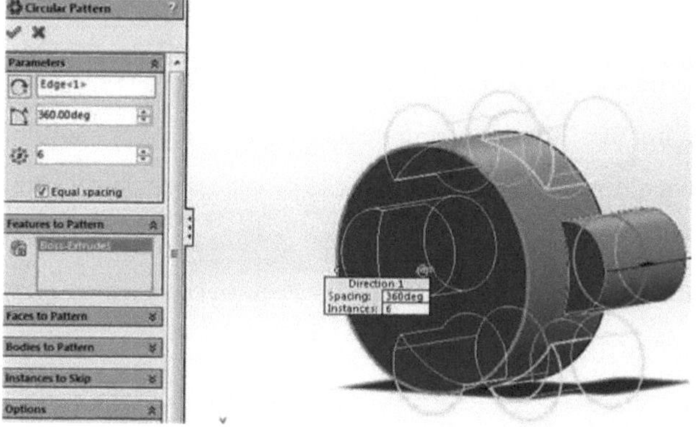

A **ferramenta instâncias a saltar** é utilizada para eliminar tempos de sequência de padrões, clicando na parte do padrão pretendida que será eliminada separadamente.

3- Padrão orientado para a curva: uma curva esboçada será o caminho do padrão de esboço em destaque

4- Padrão de preenchimento: criar conjuntos lineares ou circulares de caraterísticas esboçadas numa superfície de peça específica, como um cilindro, e selecionar a direção do percurso do padrão.

4.8 Concha

Serve para converter os corpos sólidos em ocos com espessura identificada (como uma garrafa). A espessura pode ser variável para cada face. Através do ícone de faces com várias espessuras.

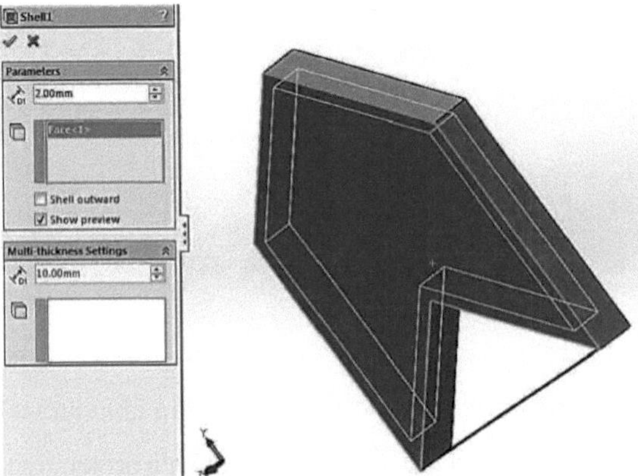

4.9 Costela

A ferramenta de nervura serve para separar cavidades em corpos sólidos com separador retangular, bem como para adicionar suporte de parede fina a um corpo sólido, esboçando a linha de separação e definindo o valor e a direção da espessura da nervura, bem como a direção de extrusão.

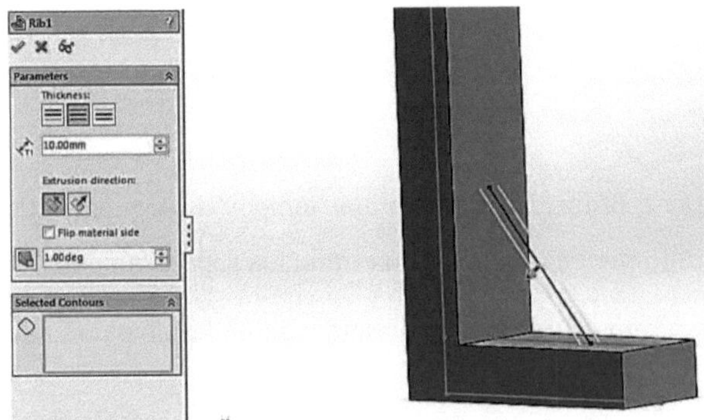

4.10Flexível

Flexibilização de peças e superfícies 3D através de qualquer uma delas:

1- Torcer a peça ao longo do seu comprimento, ajustando o ângulo de torção.

2- Dobrar a peça a partir de uma ou ambas as extremidades com diâmetro de dobra variável com a capacidade de cortar a região dobrada numa distância selecionada.

3- Afunilamento da peça numa direção específica com uma relação de afunilamento selecionada.

4- Esticar (alongar) a peça.

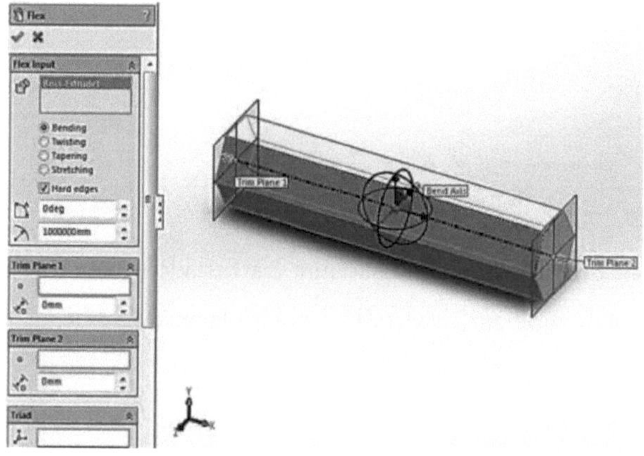

4.11Cúpula

Criar uma cúpula circular selecionando uma superfície circular ou um polígono e ajustando a altura da cúpula.

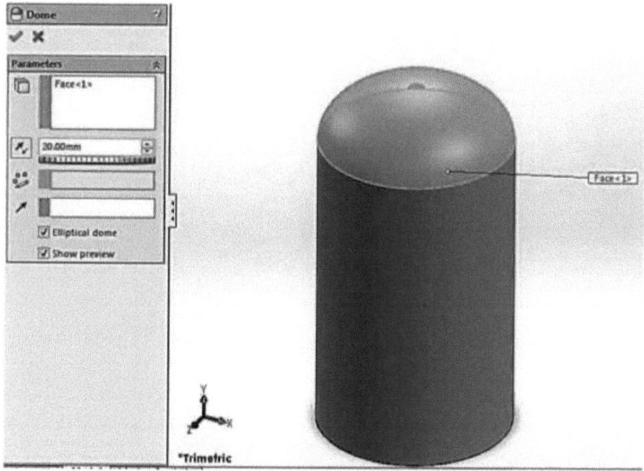

4.12 Aplicar área de hachura a peças com meia secção

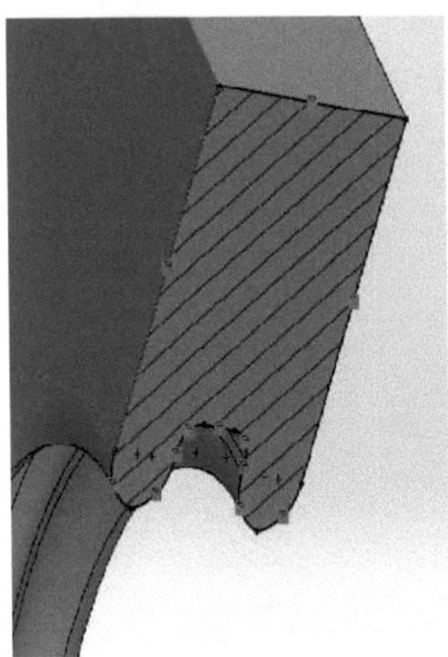

O separador de anotação da área de preenchimento de hachura é arrastado para a barra de comandos do sketch e aplicado à área de corte extrudido mostrada após a aplicação da entidade convertida às arestas de limite. As arestas inteiras são então selecionadas para a área de preenchimento de hachura.

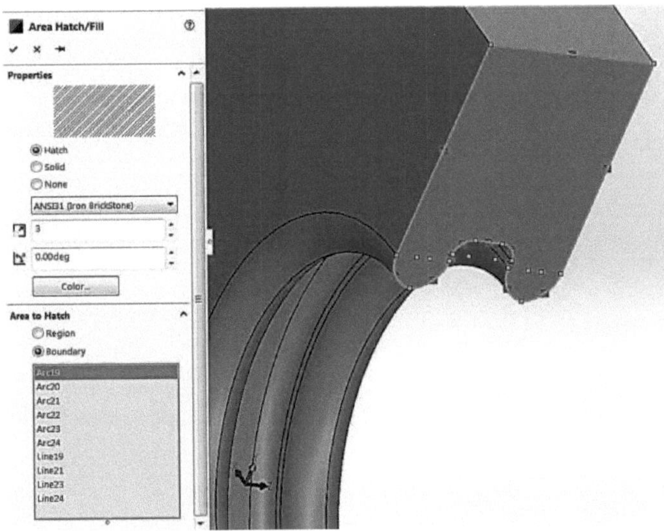

4.13 Operações booleanas

1- Combinar

Combinar um ou mais desenhos 3D esboçados através da adição, subtração ou região comummente partilhada entre os desenhos esboçados.

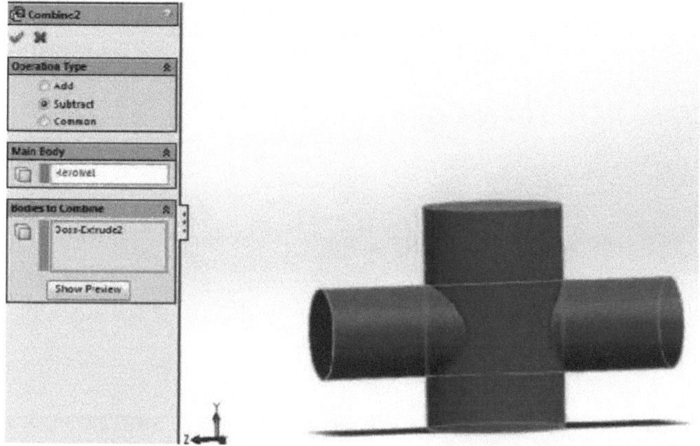

2- Aderir

Unir corpos de uma ou mais peças numa peça no contexto de uma montagem.

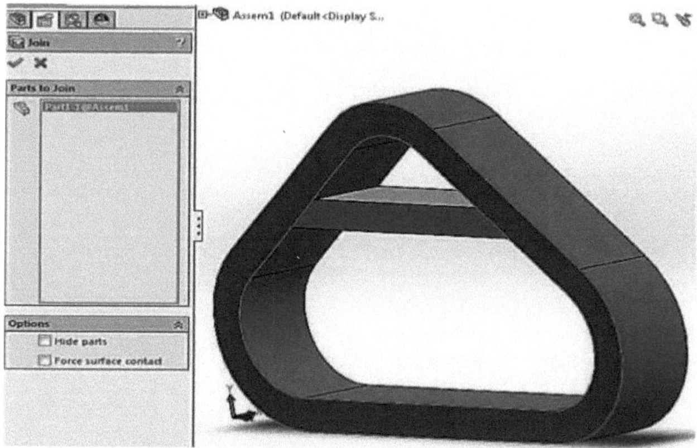

3- Intersecção

Seleção de duas ou mais superfícies, planos ou sólidos 3D (não fundidos) para criar volumes intersectados, selecionando as regiões a excluir (emitidas).

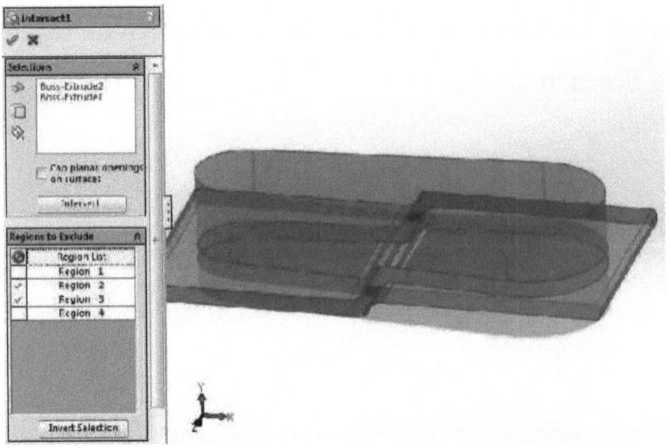

4.14 Assistente de furos

Este assistente aplica diferentes tipos de furos roscados, selecionando as suas posições na superfície selecionada e identificando o seu tamanho e profundidade. Para mostrar a sua rosca cosmética, vá às opções do documento + pormenorização e clique em mostrar rosca cosmética.

Para criar uma peça roscada, como um parafuso, na barra de menus, vá para **inserir + anotações + rosca cosmética** e selecione a borda do cilindro, especificando a distância da rosca e o tamanho da rosca.

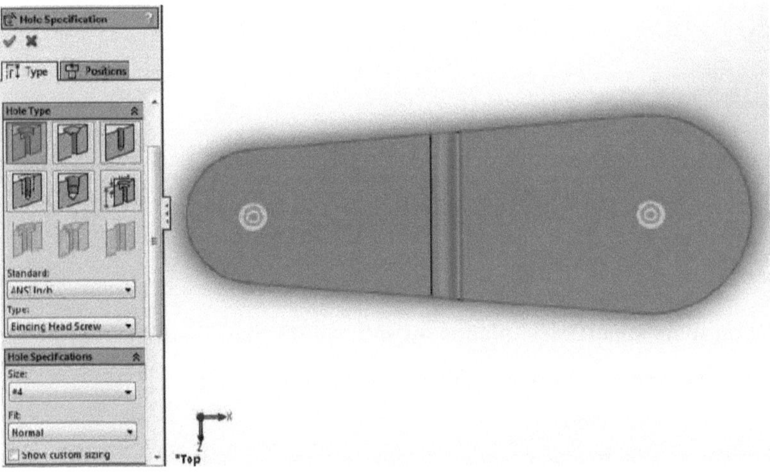

Capítulo 5: Folhas de desenho

A opção de abertura de ficheiros de folhas de desenho no solidworks start fornece vistas padrão detalhadas e vistas isométricas 3D para as peças/montagens pré-concebidas.

É possível criar uma folha de desenho de peça a partir do ecrã principal de desenho de peça do Solidworks através da **barra de menu + ficheiro + criar desenho de peça/montagem.**

As dimensões da folha de desenho são especificadas de acordo com as normas ANSI padrão com a opção de apresentação do formato da folha. Uma paleta de vistas é apresentada à direita do ecrã de desenho, mostrando várias vistas da peça que podem ser clicadas e arrastadas no ecrã.

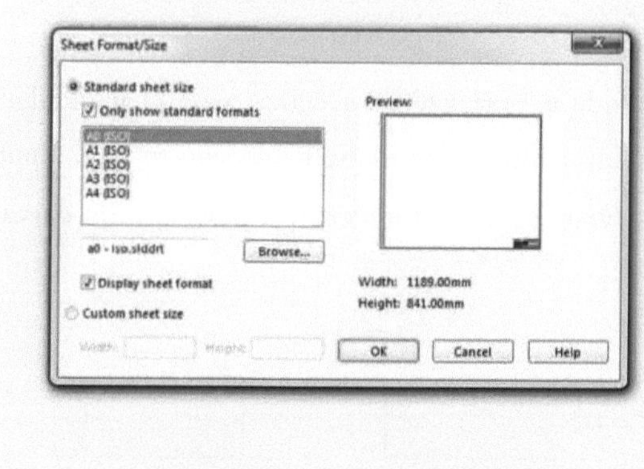

5.1 Visualização da folha de desenho

O estilo de visualização das vistas de peça varia entre armação de arame (com ou sem linhas ocultas visíveis) ou sombreado (com ou sem arestas) com a possibilidade de alterar a escala de visualização através de diferentes escalas personalizadas.

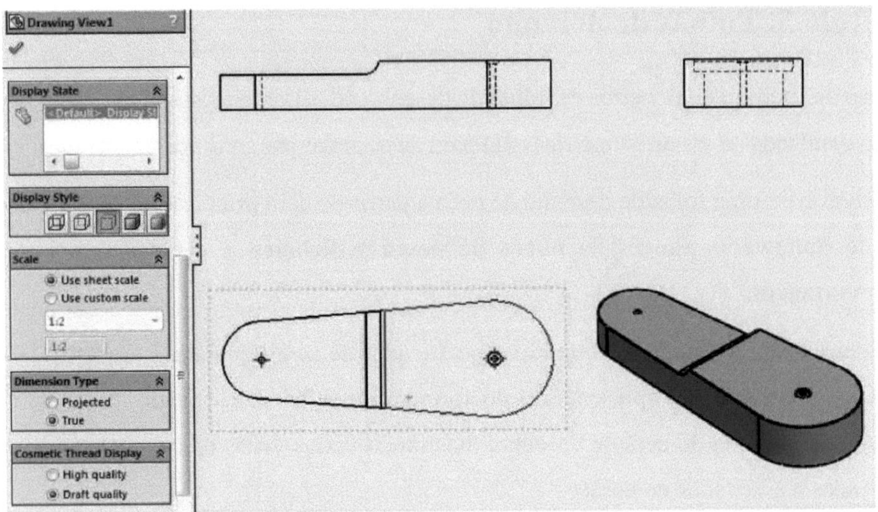

5.2 Criar vistas seccionais

Outra facilidade que pode ser executada é a criação de secções reais visualizadas ao longo da vista padrão, selecionando um caminho de plano de secção reto ou sinuoso no esquema de vistas e arrastando a vista seccional necessária para fora da caixa de vista normal.

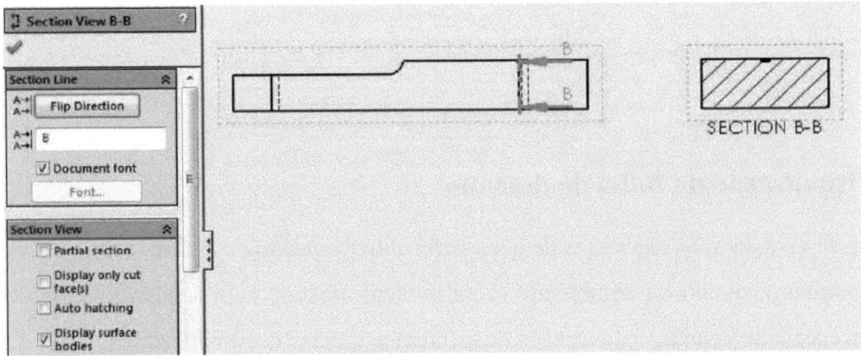

O esquema de visualização também fornece diversos recursos de visualização, tais como:

1- Esquema de vistas auxiliares para a projeção de superfícies inclinadas

2- Vista pormenorizada (para pequenas regiões esboçadas)

3- Quebrar a vista para adicionar linhas de quebra à vista selecionada

4- Cortar a vista para cortar uma parte da vista e apresentá-la apenas.

5- Secção quebrada desenhando uma spline para fazer uma vista de secção parcial.

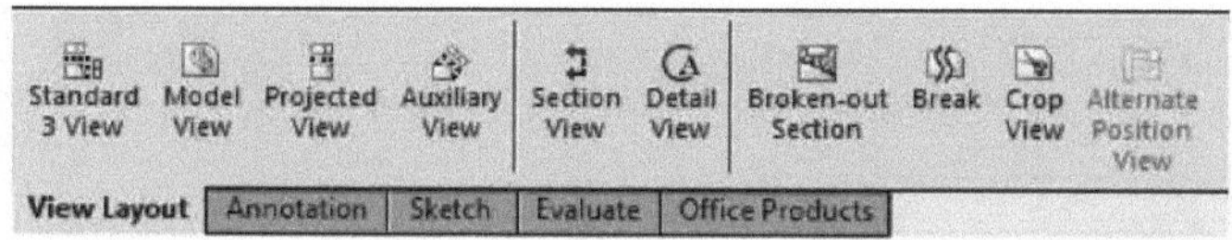

A vista de meia secção pode ser realizada selecionando o ícone de meia secção na ferramenta de vista de secção e selecionando as opções direcionais de meia linha de corte para especificar a disposição de meia secção.

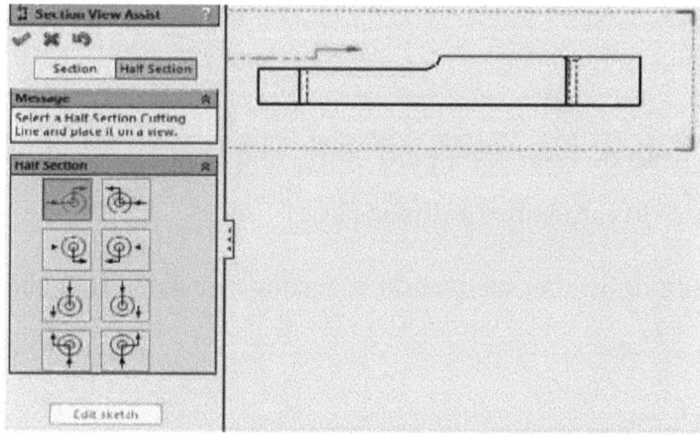

5.3 Dimensionamento da folha de desenho

No SolidWorks existem dois tipos de dimensões, as de condução (pretas) e as de condução (cinzentas), que podem ser alteradas.

Para o autodimensionamento de folhas de desenho de peças, ir para **anotações + item de modelo + fonte (modelo completo) + importar itens para todas as vistas.**

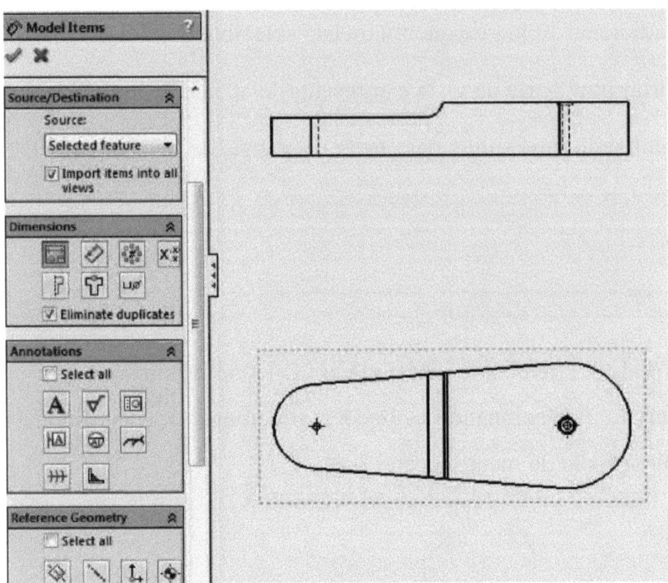

Para transferir ou copiar uma dimensão de uma vista para outra, clique no ícone **shift ou ctrl** e mantenha o botão esquerdo do rato sobre a dimensão.

As dimensões acionadas podem ser definidas utilizando a ferramenta de dimensão inteligente.

Capítulo 6: Fazendo montagens

6.1 Métodos de montagem

A montagem de várias peças pode ser optimizada através de dois métodos principais:

1- O método de montagem ascendente: inserir peças pré-concebidas (esboçadas ou disponíveis na caixa de ferramentas do SolidWorks) e aplicar um sistema de acoplamento entre elas.

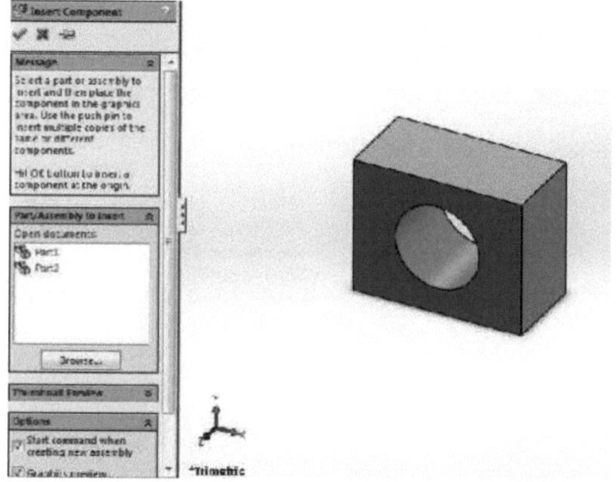

2- O método de montagem descendente: neste método, as peças são esboçadas dentro do ficheiro de montagem, clicando no ícone de esboço **de nova peça** na barra de **componentes de inserção** e atribuindo um plano ao esboço, sendo assim criada ***uma*** relação de acoplamento ***não substituível*** entre a nova peça e o plano normal a ela, chamada ***acoplamento no local.***

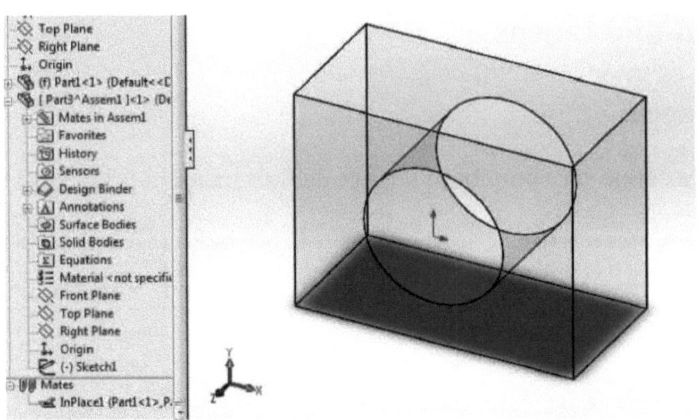

A primeira peça esboçada arrastada para a montagem será fixa por defeito, para alterar clique com o botão direito do rato em na peça e selecione flutuar.

6.2 **Tipos** de parceiros

O comando mate posiciona duas peças uma em relação à outra. O Solidworks 15 contém três categorias principais de mates:

1- Colegas padrão.

2- Companheiros avançados.

3- Companheiros mecânicos.

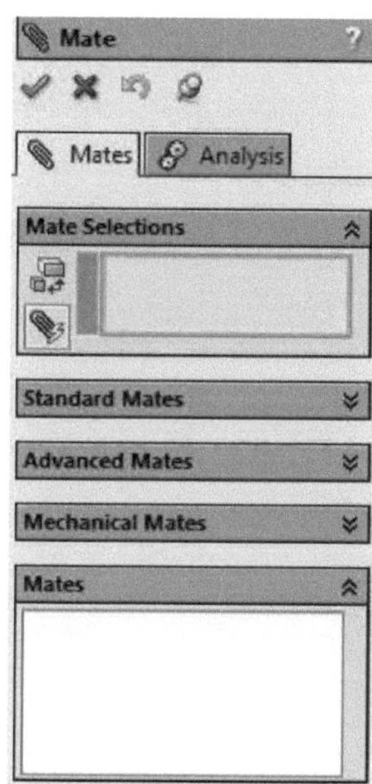

6.2.1 Companheiros padrão

A- Coincidência: fazer coincidir arestas, vértices, eixos ou faces de peças.

8- Mate concêntrico: a fabricação de peças circulares ou cilíndricas tem centros partilhados.

Para aplicar os acoplamentos acima a duas peças, prima a tecla **Alt** no teclado e clique nas arestas das peças pretendidas, os acoplamentos concêntricos e coincidentes serão criados automaticamente.

C - Matriz tangente: as partes circulares serão tangentes

D- Paralelismo: pode ser aplicado a faces de peças rodadas para ficarem paralelas aos planos

E- Matriz perpendicular: as faces das peças serão perpendiculares entre si.

F- Distância padrão: a face da peça será afastada de outra face da peça ou de um plano a uma distância especificada.

G- Ângulo padrão de encaixe: faz o encaixe das faces das peças com um ângulo especificado em valor positivo ou negativo.

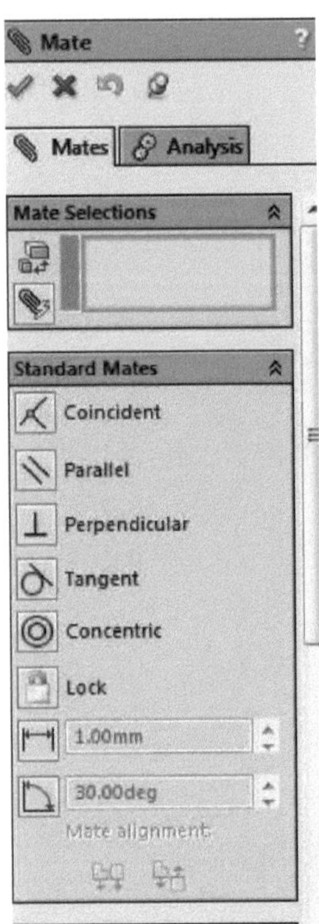

6.2.2 Companheiros avançados

Estes tipos de acoplamentos requerem inicialmente um acoplamento padrão pré-configurado (concêntrico ou coincidente). Os tipos mais importantes são:

A- Width mate: centra um separador dentro da largura de uma face ranhurada, faces paralelas planas ou não planas ou faces desenhadas. A seleção deve ser feita como seleção **de largura de** faces (para uma peça) e seleção de separadores (para a outra peça).

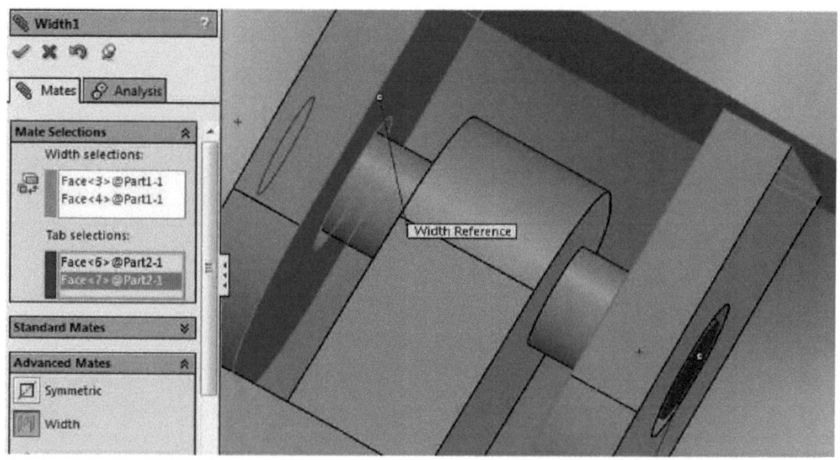

B- Distância avançada: uma gama indicada de movimento (valores máximo e mínimo) em duas direcções de uma superfície da peça (flutuador) em relação à superfície fixa da peça, devendo as duas superfícies ser paralelas.

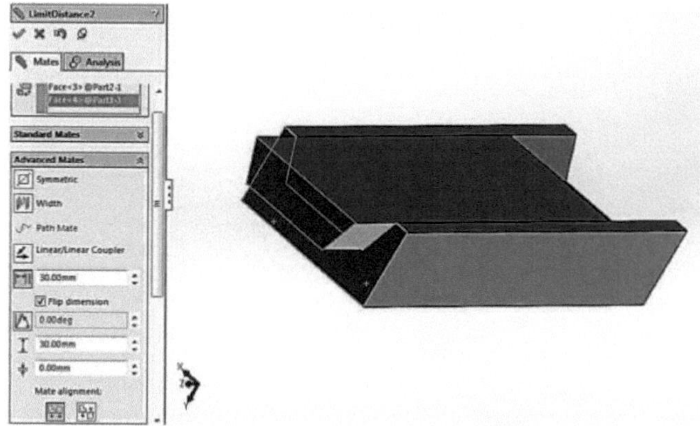

C- Ângulo avançado de acoplamento: movimento de rotação de uma superfície de uma peça em relação a outra (não intersectada) através de um intervalo de ângulos de rotação específico (+ve ou -ve).

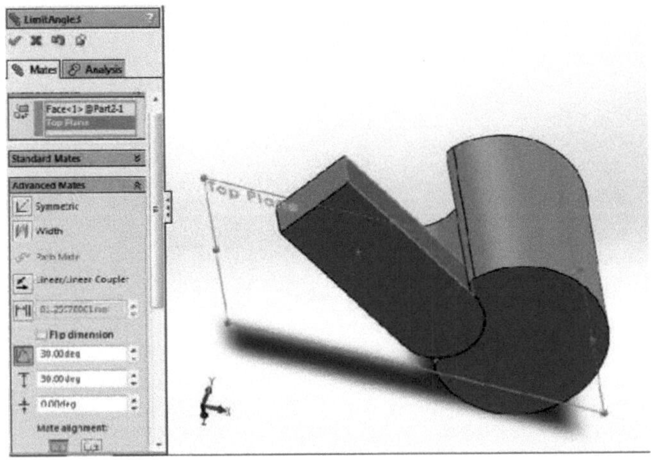

D- Path mate: a peça móvel é transferida ao longo de uma trajetória especificada na peça fixa, atribuindo um vértice às arestas da peça móvel.

Nota: a trajetória não deve intersectar uma face ou superfície circular ou cilíndrica.

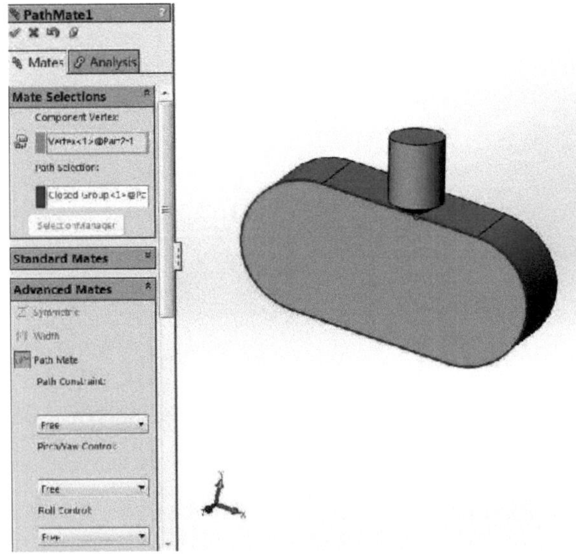

6.2.3 Colegas mecânicos

Os encaixes mecânicos são utilizados para criar mecanismos numa montagem. Os seus tipos são:

A- Companheiro de engrenagem:

Duas partes são forçadas a rodar uma em relação à outra em torno de eixos selecionados. As selecções válidas para o eixo de rotação (ou o círculo teórico) incluem faces cilíndricas e cónicas, eixos e arestas lineares. É necessário fazer o mate padrão inicialmente antes do mate de engrenagem.

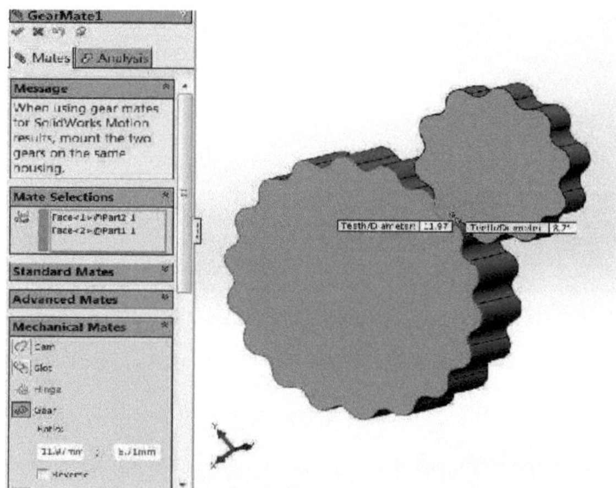

B- Dobradiça de contacto:

Limita o movimento entre duas peças articuladas a um grau de liberdade rotacional. Tem o mesmo efeito que adicionar um par concêntrico mais um par coincidente através de duas superfícies concêntricas + duas superfícies coincidentes de cada parte, respetivamente.

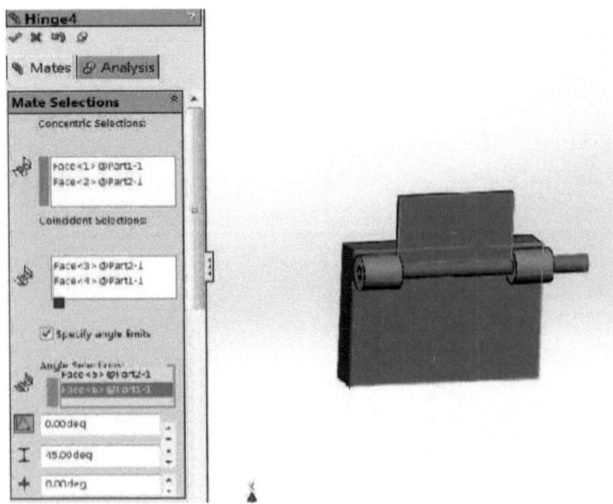

C- Cam companheiro:

Este tipo de mate faz com que um cilindro, plano ou ponto mate coincidente ou tangencialmente a uma série de faces extrudidas tangentes, tal como um came. Pode fazer o perfil da came a partir de linhas, arcos e splines, desde que sejam tangentes e formem um ciclo fechado.

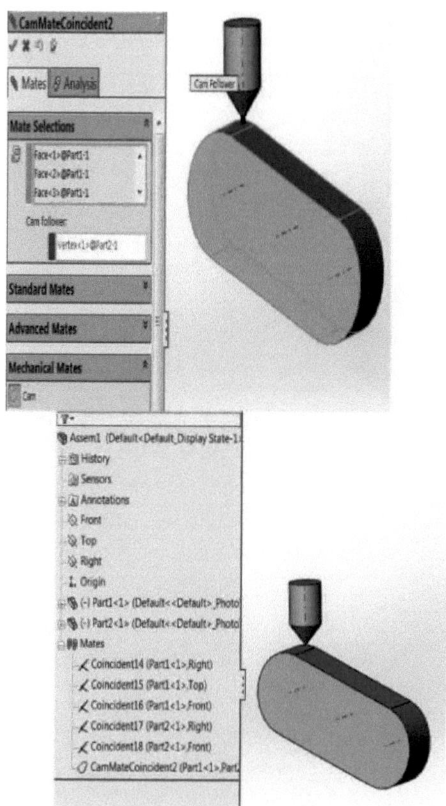

D- Companheiro de cremalheira/pinhão:

Este acoplamento aplica a translação linear de uma peça (a cremalheira) com rotação circular noutra peça (o pinhão). As peças acopladas não precisam de ter dentes de engrenagem.

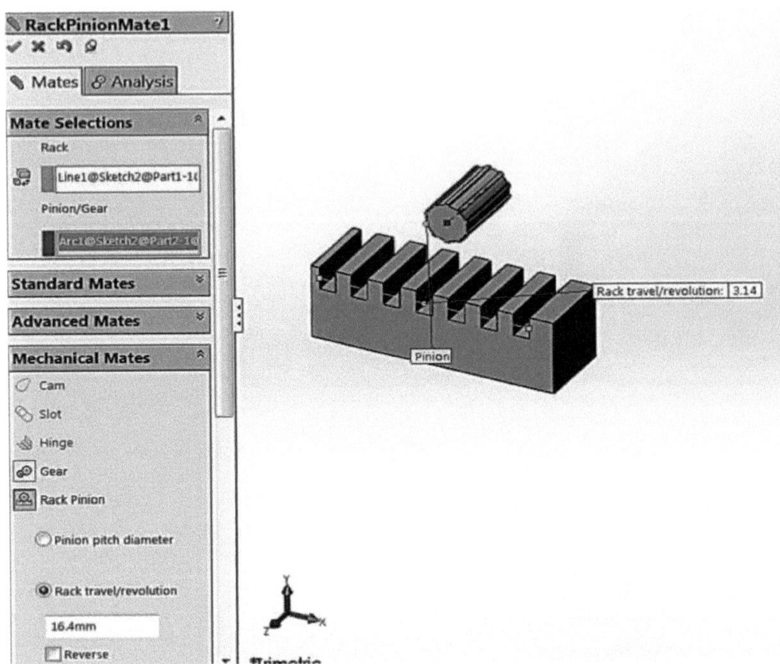

E- Parafuso companheiro:

Obriga duas partes a serem concêntricas e também acrescenta uma relação de passo entre a rotação de uma parte e a translação da outra. A translação de um componente ao longo do eixo causa a rotação do outro componente de acordo com a relação de passo.

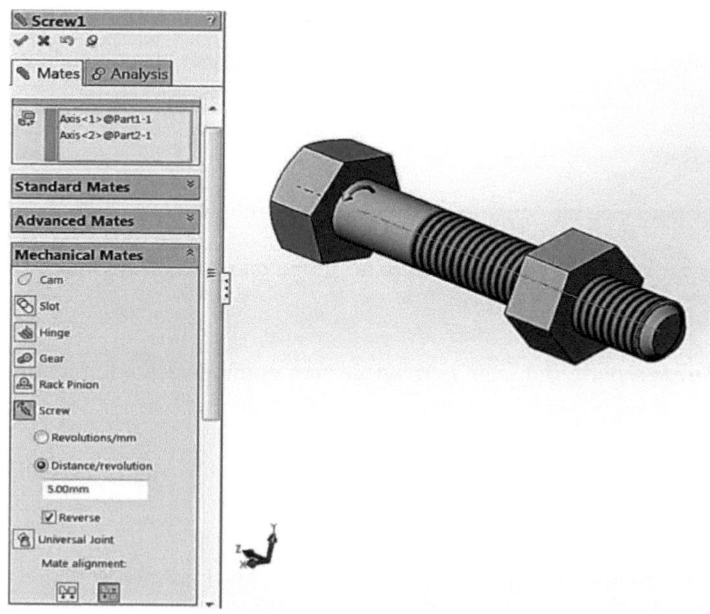

F- Junta universal de acoplamento:

A rotação de uma peça em torno do seu eixo é impulsionada pela rotação de outra peça em torno do seu eixo.

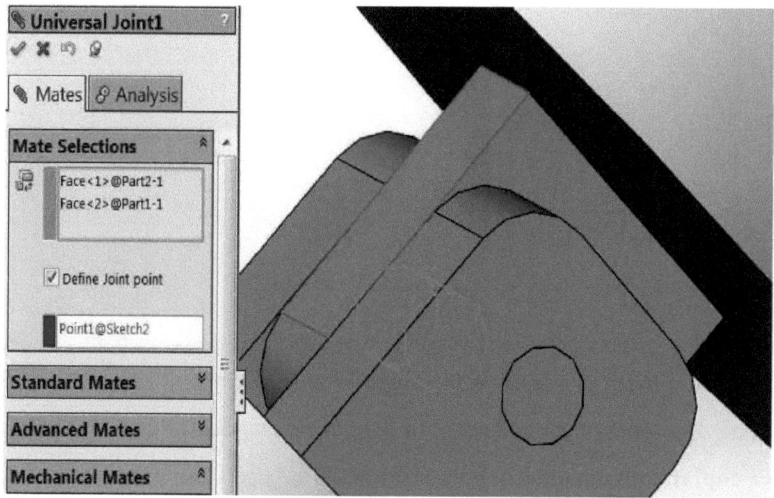

G- Companheiro de ranhura:

Este acoplamento é aplicado entre a cavidade da ranhura e o corpo móvel (para dimensões de ranhura iguais), bem como as faces laterais da ranhura e da cavidade da ranhura são paralelas ou concêntricas, após o que se seleciona uma face lateral para cada parte da ranhura feita.

Existem quatro opções para este movimento relativo do companheiro:

1- **Livre:** o corpo da ranhura move-se livremente ao longo da parte da cavidade da ranhura.

2- **Centrar na ranhura:** a parte flutuante permanece fixa numa posição de ranhura especificada, mas roda em torno de si própria.

3- **Distância ao longo da ranhura:** deslocação ao longo de uma distância especificada.

4- **Percentagem ao longo da ranhura:** deslocação com uma taxa percentual do comprimento da ranhura.

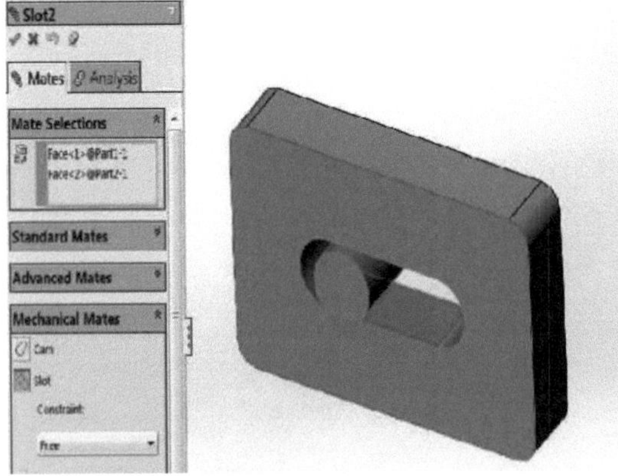

6.3 Copiador

Se a montagem for composta por várias peças, algumas delas são repetidas. O encaixe teria sido feito entre duas peças e copiado com os seus encaixes **clicando com o botão direito do rato + copiar com encaixe**, depois os encaixes aplicados serão apresentados com a seleção das faces das peças com a opção de repetir os encaixes.

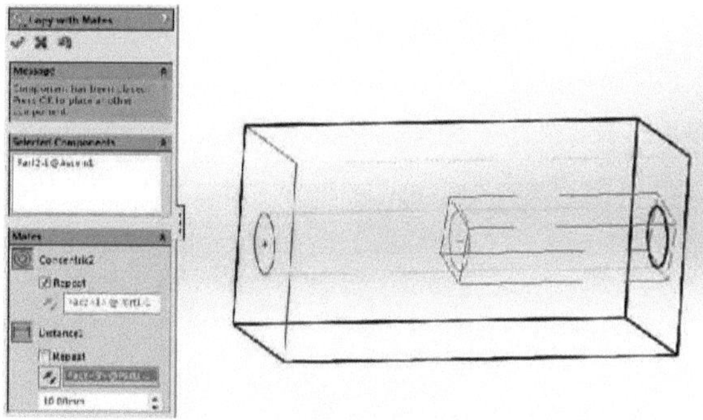

6.4 Explosão da montagem

Efetuar a desmontagem das peças arrastando cada peça separadamente ao longo de um dos eixos padrão no banco de desenho.

Para voltar a montar as peças, na árvore de design do gestor de funcionalidades, **clique com o botão direito do rato no ficheiro de montagem + recolher.**

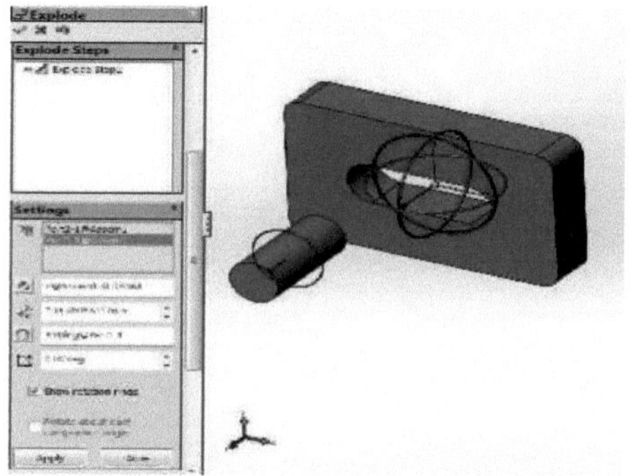

6.5 Montagem/Renderização de peças:

A renderização cria uma imagem completa da peça ou da montagem através da ativação da ferramenta de **visualização de fotos** no gestor de comandos e da seleção da **ferramenta de renderização** + ícone de **edição de cena**, especificando as coordenadas do ponto de início da renderização e aplicando o comando de **renderização final.**

Edit Appearance
Copy Appearance
Paste Appearance
Edit Scene
Edit Decal
Integrated Preview
Preview Window
Final Render
Options
Schedule Render
Recall Last Render
Assembly
Layout
Sketch
Evaluate
Render Tools
Office Products
Drawing

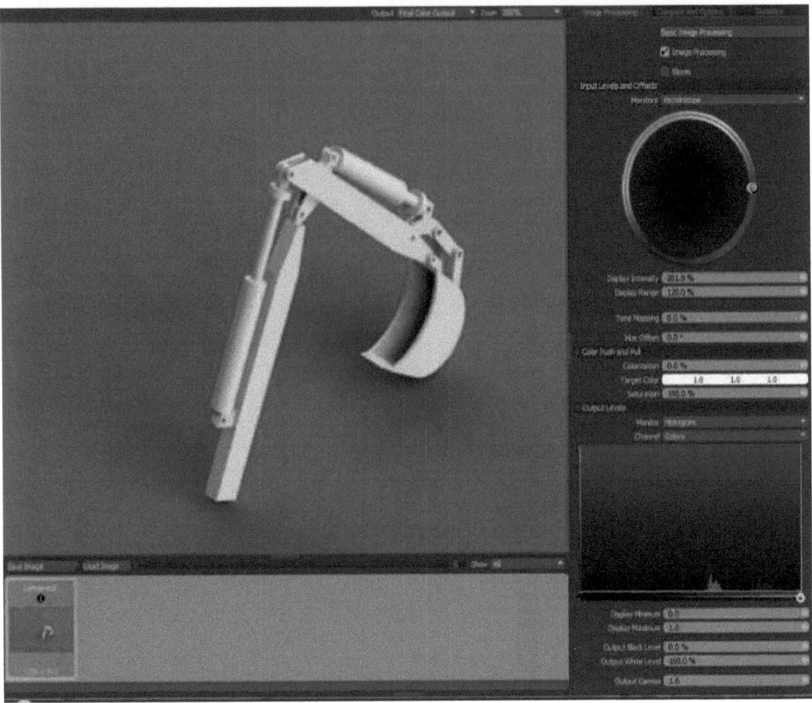

Capítulo 7: Sugestões avançadas do Solidworks

7.1 Esboço tridimensional

O esboço 3D pode ser útil para obter formas varridas em 3D, desenhando o caminho do esboço nos planos **XY-YZ-ZX** dos sistemas de coordenadas principais.

Para iniciar o caminho do esboço 3D, comece na vista iso e desenhe o esboço 3D ao longo do plano frontal XY, para mudar o plano prima a tecla **TAB** no teclado e continue o esboço.

A especificação das dimensões do sketch 3D é efectuada através da aplicação da ferramenta de dimensão inteligente diretamente aos segmentos do sketch. A aplicação de relações pode ser efectuada através do método da tecla **CTRL** (igual ao sketch 2D). Os filetes podem ser obtidos apenas por sketch (não por feature fillet).

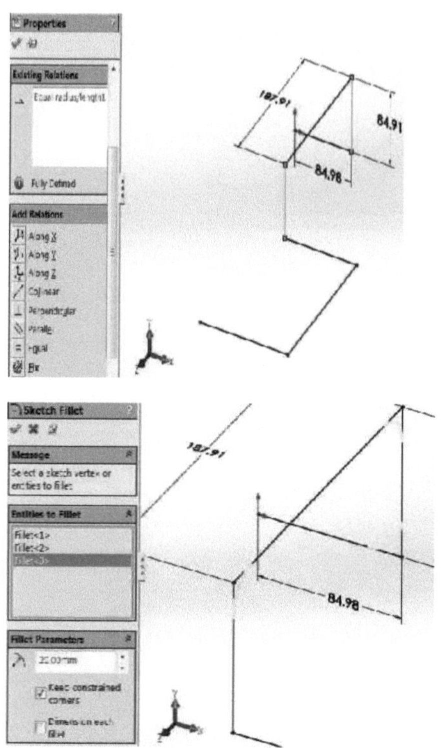

Para desenhar o perfil do esboço 3D, especifique um plano de desenho coincidente com o vértice da trajetória e normal à linha da trajetória, depois desenhe o esboço e aplique a varredura.

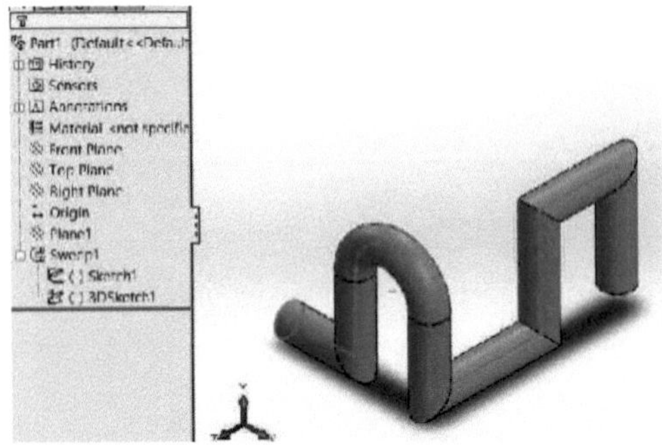

7.2 Peças em hélice/espiral

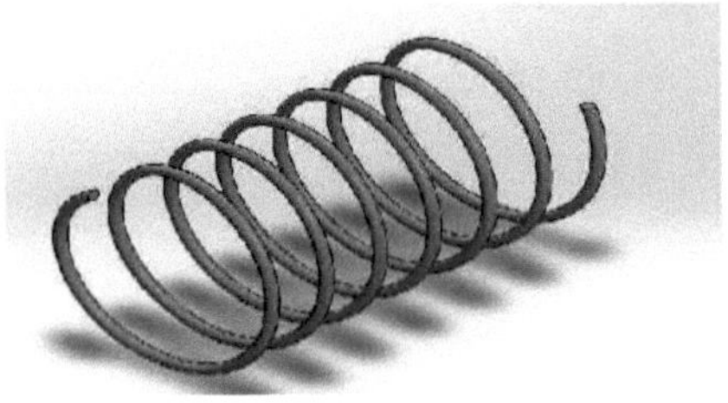

As peças helicoidais podem ser obtidas através da aplicação da caraterística curva (hélice e espiral) num círculo pré-esboçado, especificando os métodos de definição do tipo de espiral; altura e rotação, passo e rotação, etc., bem como os valores dos parâmetros da hélice espiral e a direção, aplicando depois a hélice/espiral. O perfil da secção transversal da hélice deve ser identificado aplicando a geometria de referência dos planos e coincidindo com a curva da hélice e o vértice inicial.

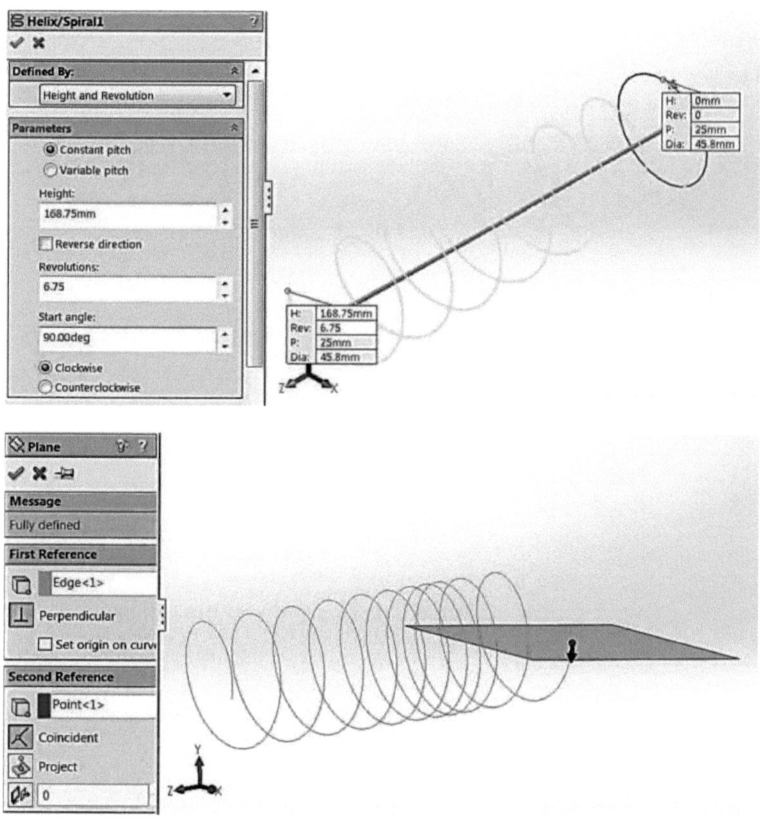

O comando de varrimento é também a caraterística determinante para as peças de forma helicoidal.

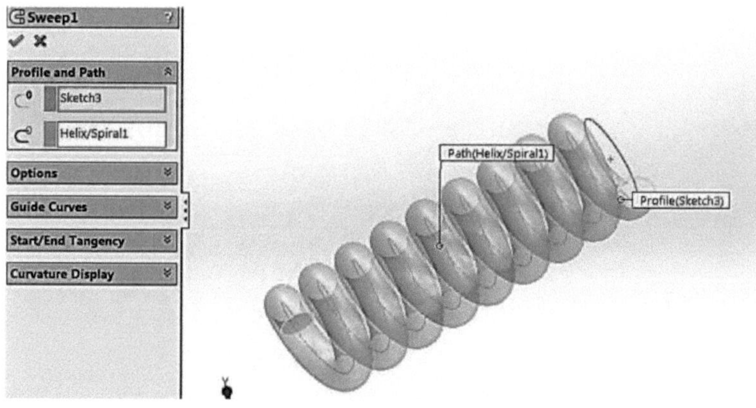

7.3 Polias acionadas por correia

A ponta das polias móveis acionadas por correia é realizada através da realização de um padrão completo (concêntrico e coincidente) para a base e as polias anexas.

A funcionalidade de cinto é aplicada clicando no ícone **Funcionalidades de montagem + cinto/corrente** no separador Comando de **montagem**.

As faces ranhuradas da correia das polias acionadas são então selecionadas sequencialmente, clicando no ícone de **criação da peça da correia**. O caminho de alinhamento da correia pode ser alterado arbitrariamente com um clique do rato.

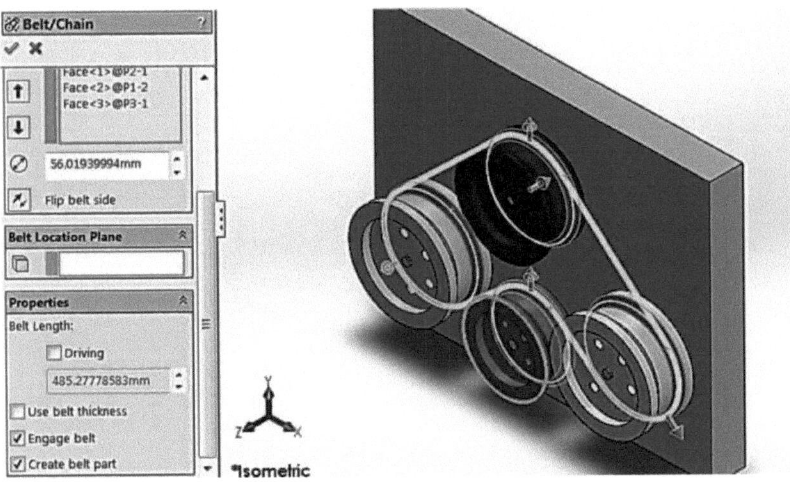

Para esboçar o perfil da correia, é adicionado um plano geométrico normal à trajetória da correia e coincidente com um dos vértices da trajetória. Em seguida, o perfil da correia é esboçado e o comando de varrimento é executado.

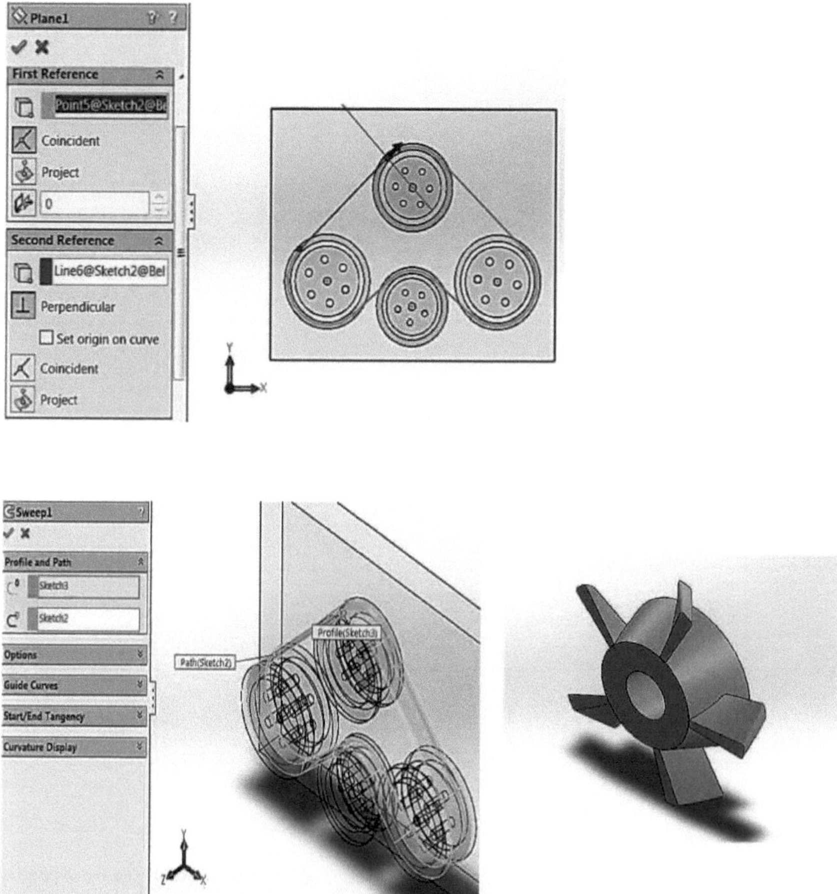

7.3 Utilizar a ferramenta de curva para o comando Sweep

A ferramenta de curva de caraterísticas fornece uma trajetória totalmente definida para a pá da hélice apresentada.

Primeiro, o corpo da hélice é extrudido com um ângulo de inclinação de 20 graus e, em seguida, é criado um plano paralelo à vista frontal com um desvio de 15 mm.

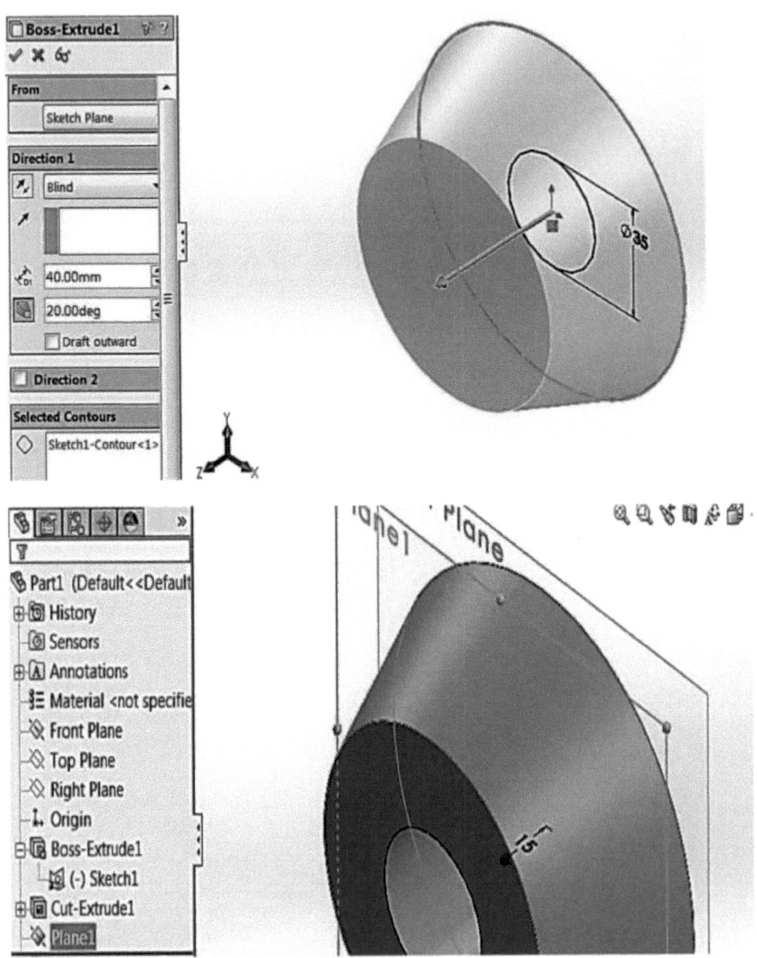

A face extrudida do corpo é então convertida em esboço no plano selecionado e a lâmina é esboçada. O caminho da curva é esboçado definindo os seus pontos de início e fim

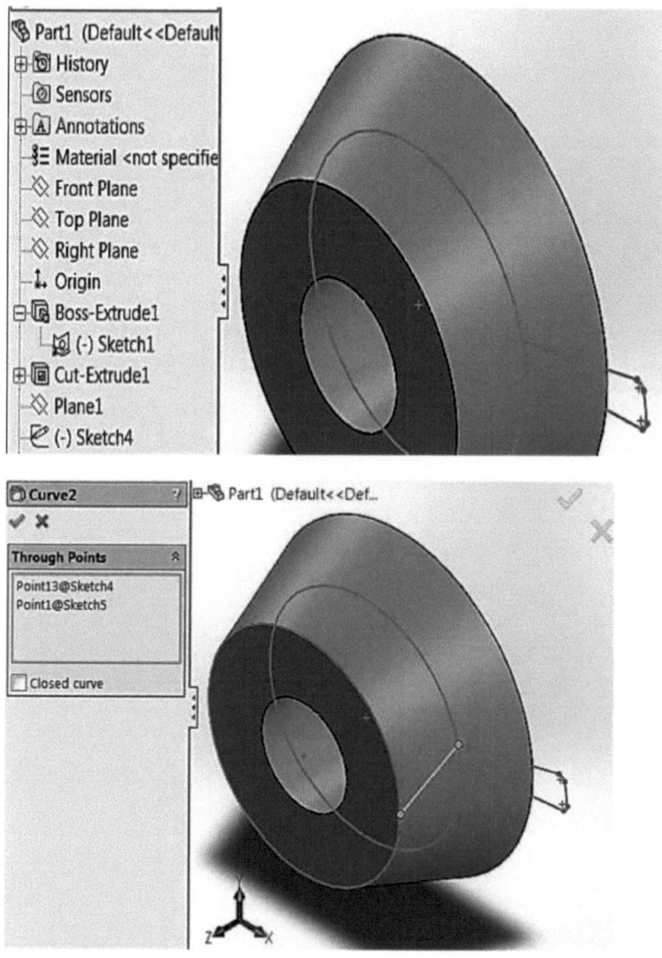

Em seguida, o comando de tipo sweep-twisted é aplicado à lâmina e ao padrão circullard

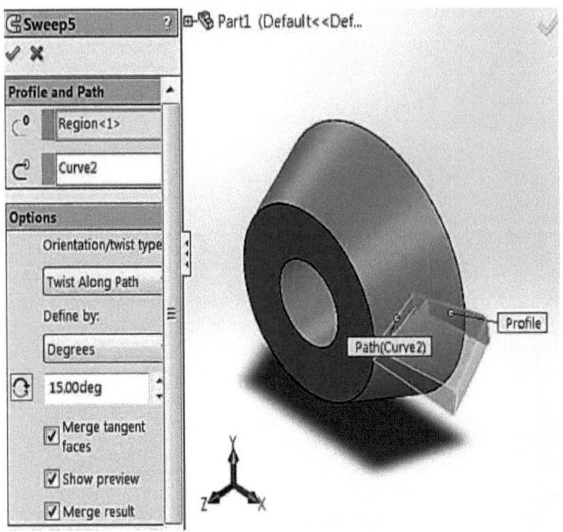

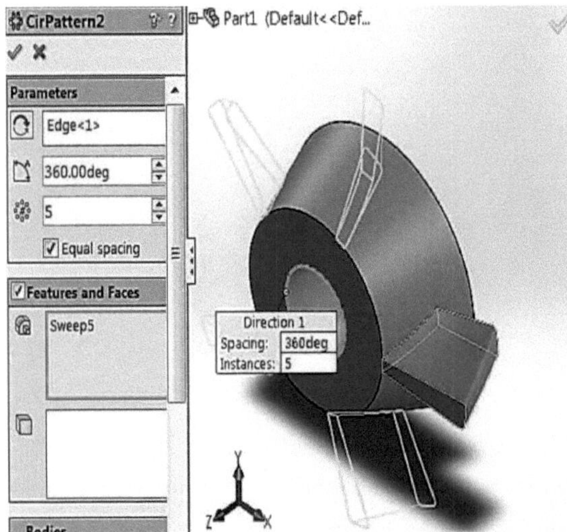

7.5 Ponta avançada de corte por varrimento

Para obter um corte de furos normal à caraterística do corpo sólido alargado e alinhado centralmente. Primeiro, é gerado um plano geométrico tangencial à superfície curva da peça e os cilindros de saída são extrudidos.

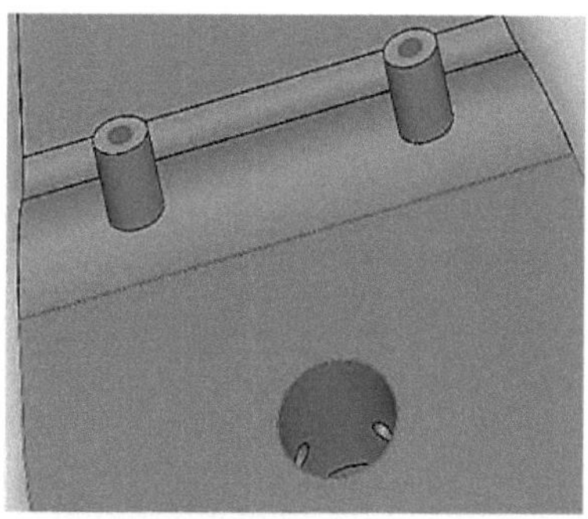

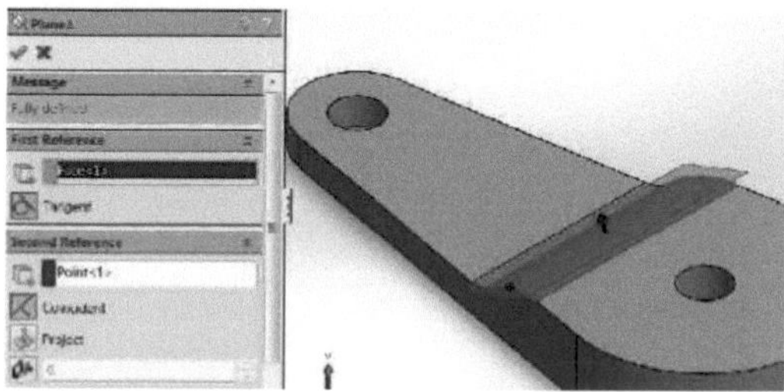

Em seguida, o esboço da trajetória é realizado no segundo plano coincidente com os centros dos círculos e perindicular à face do cilindro extrudido.

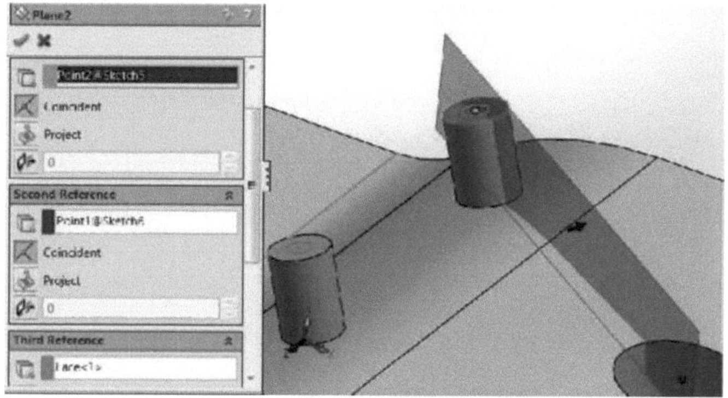

O trajeto é desenhado da seguinte forma

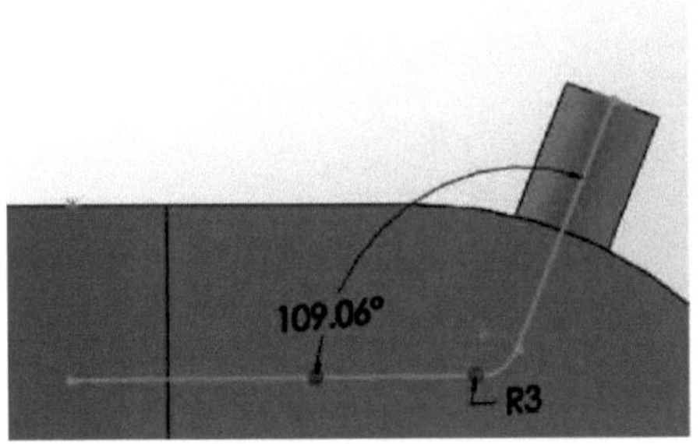

O buraco é agora cortado ao longo do caminho e espelhado à volta do plano frontal

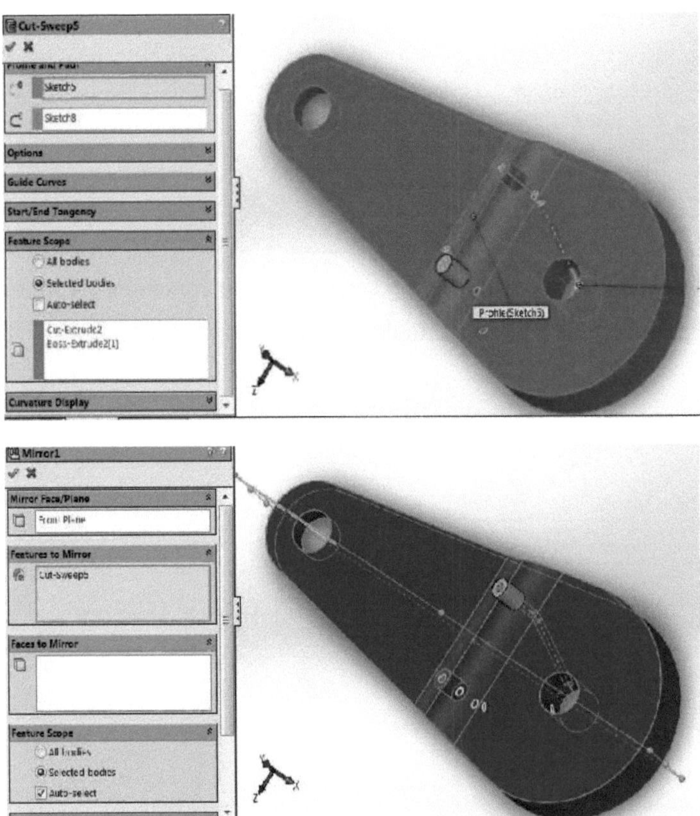

Capítulo 8: problemas selectivos

8-1 Esboços bidimensionais

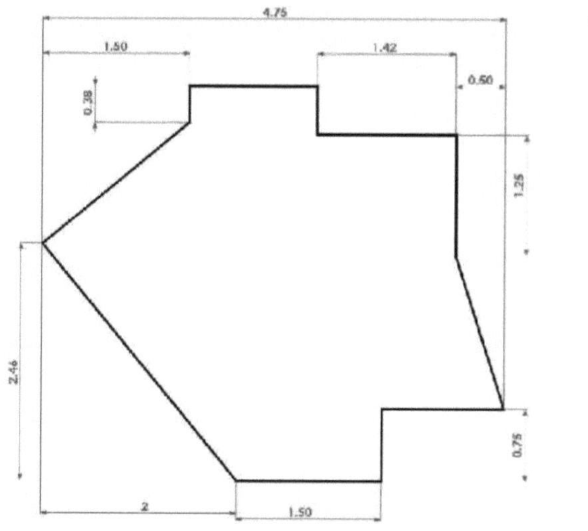

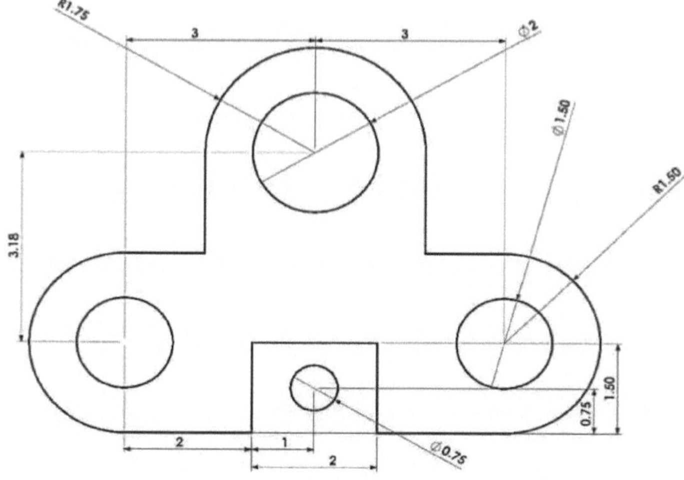

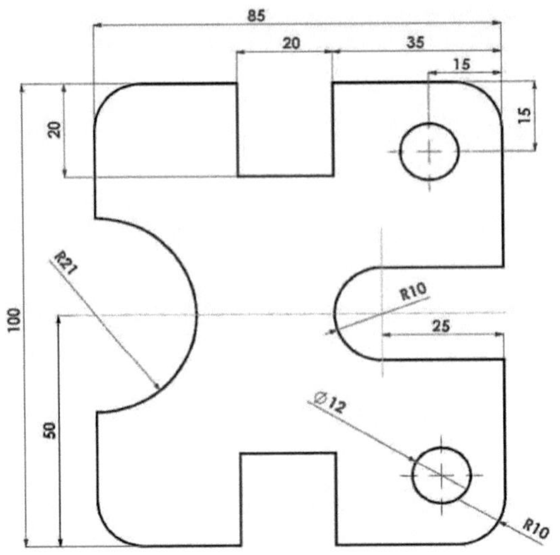
85
20
35
15
15
20
R21
R10
25
100
50
Ø12
R10

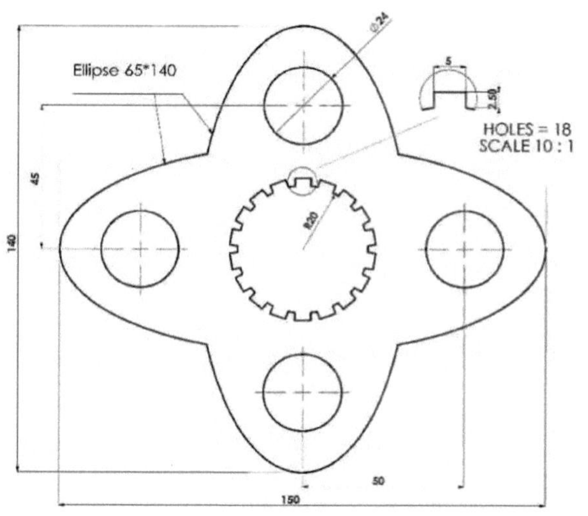
Ellipse 65*140
Ø24
5
2.50
HOLES = 18
SCALE 10 : 1
45
140
R20
50
150

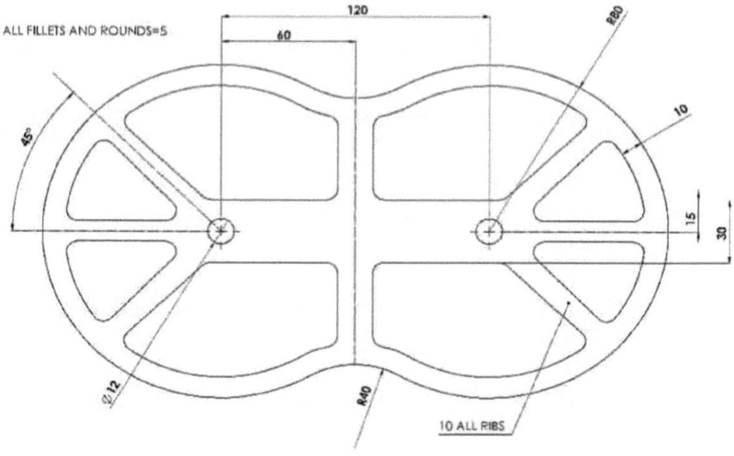
ALL FILLETS AND ROUNDS=5
120
60
R80
45°
10
15
30
Ø12
R40
10 ALL RIBS

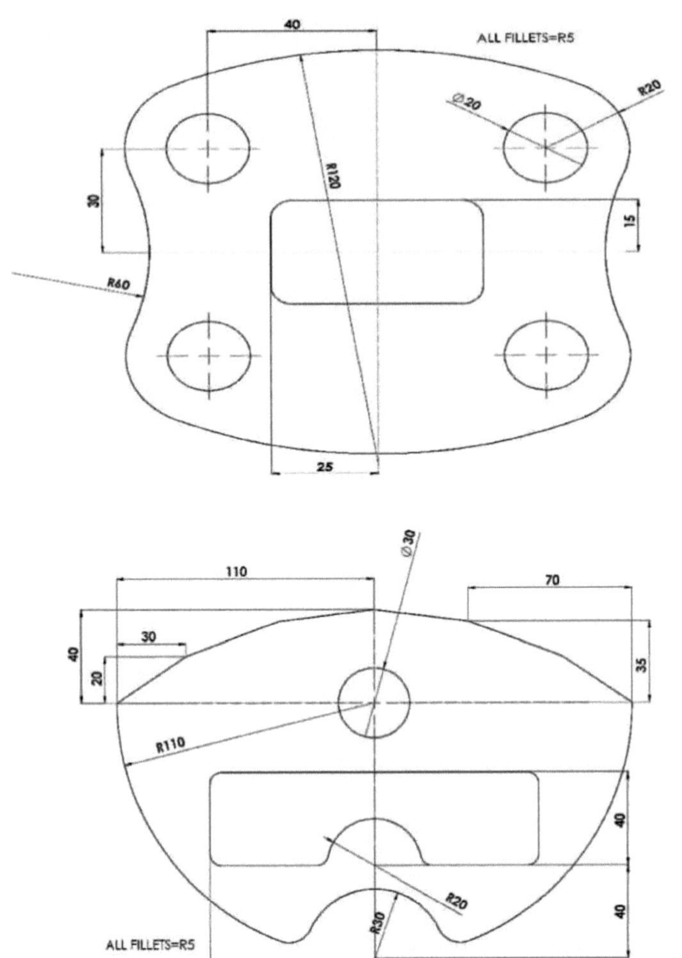
40
ALL FILLETS=R5
Ø20
R20
R120
30
15
R60
25
Ø30
110
70
40
30
20
35
R110
40
R20
40
R30
ALL FILLETS=R5
70

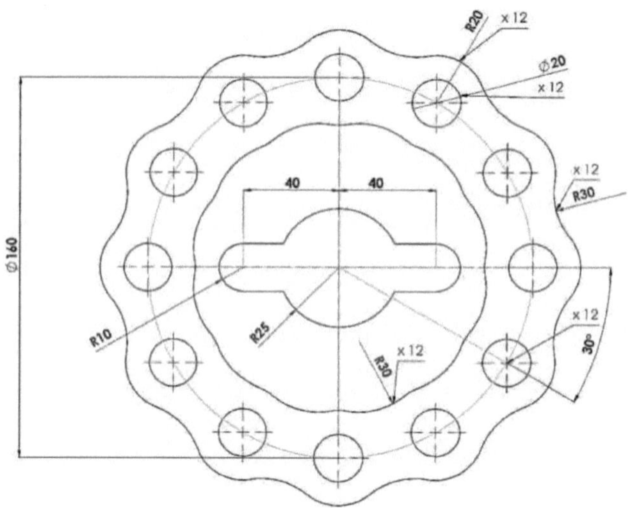

8-2 Peças 3D simplificadas

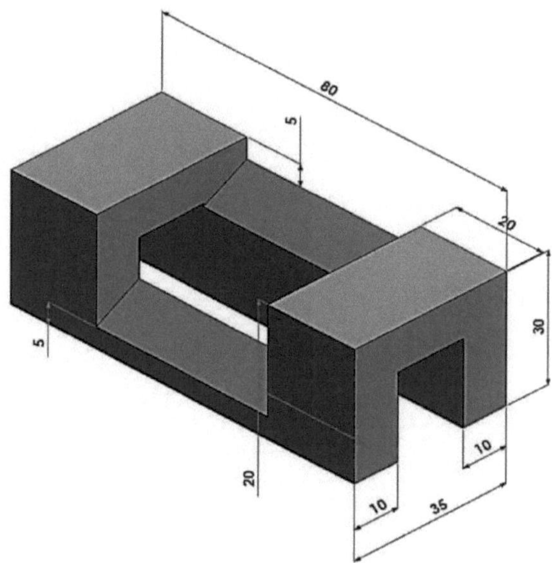

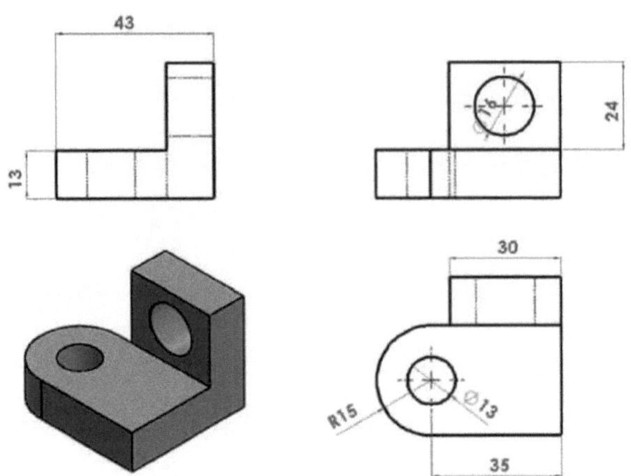
43
13
24
30
R15
Ø13
35

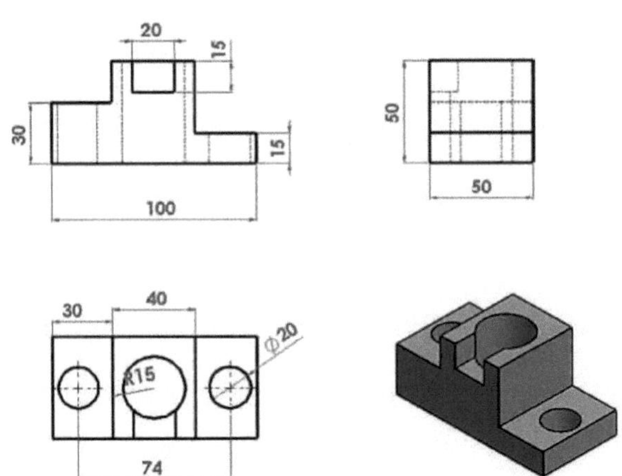
20
15
30
15
100
50
50
30
40
Ø20
R15
74

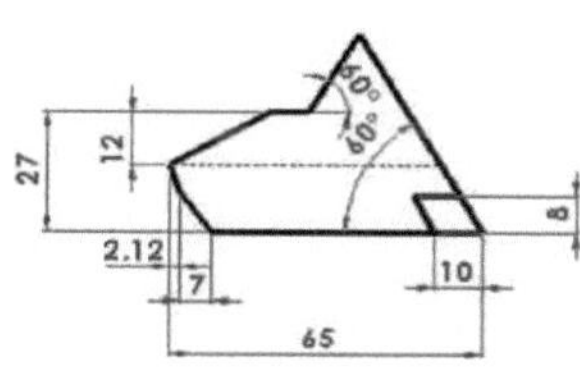
27
12
40°
60°
8
2.12
7
10
65

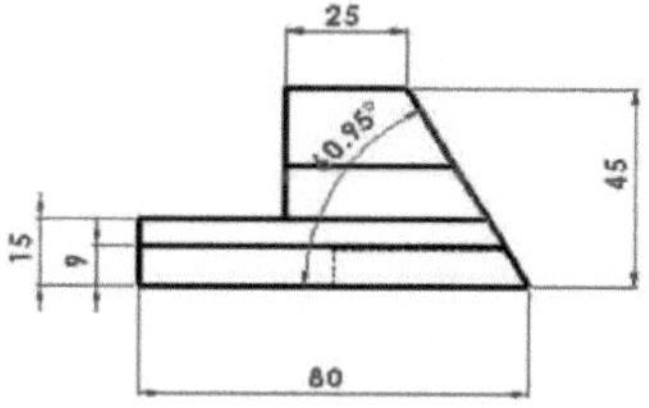
25
60.95°
45
15
9
80

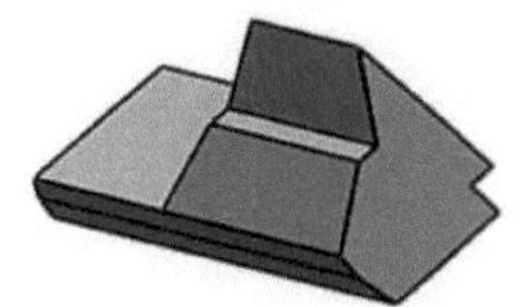

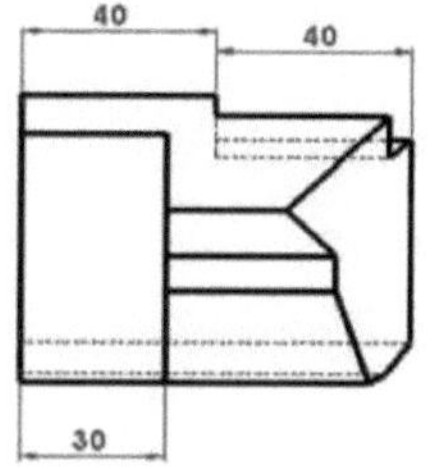
40
40
30

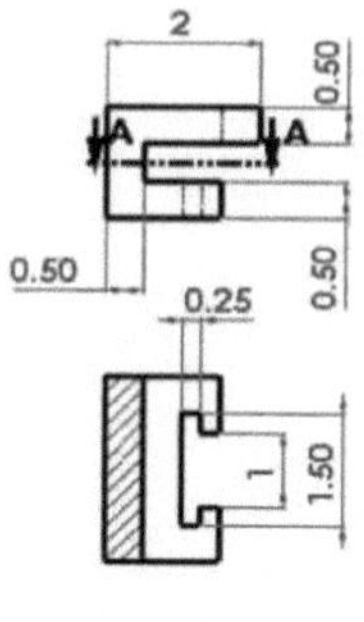
2
0.50
A
A
0.50
0.50
0.25
1
1.50

SECTION A-A

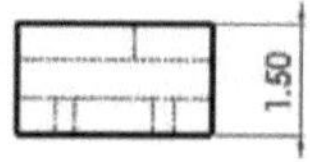
1.50

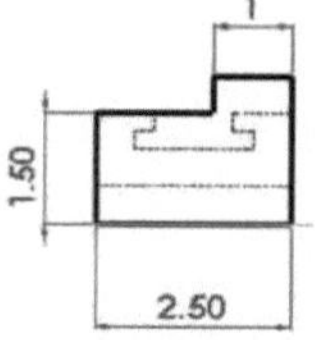
1
1.50
2.50

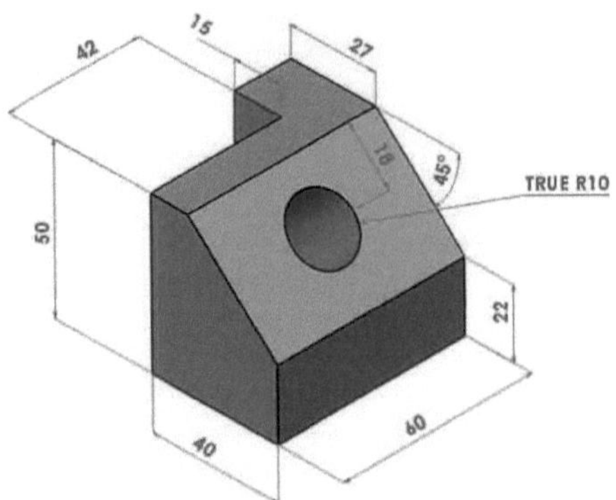

8-3 Peças 3D intermédias

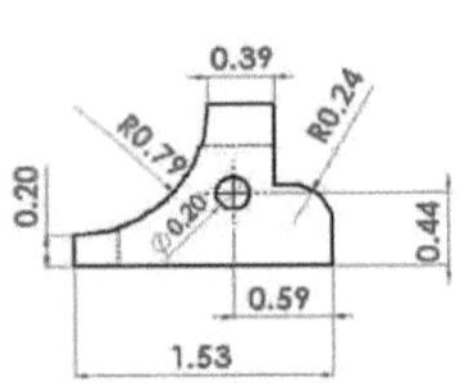

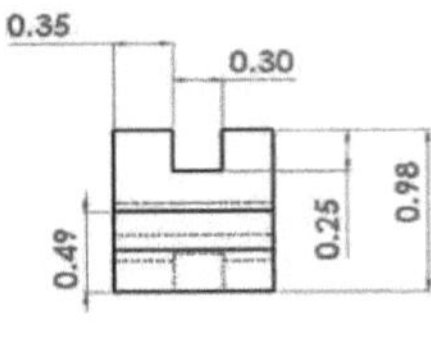

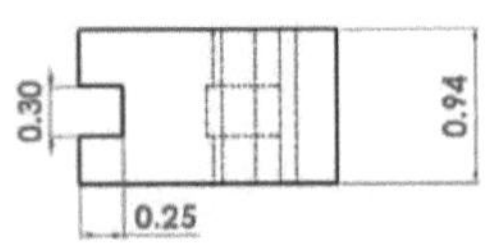

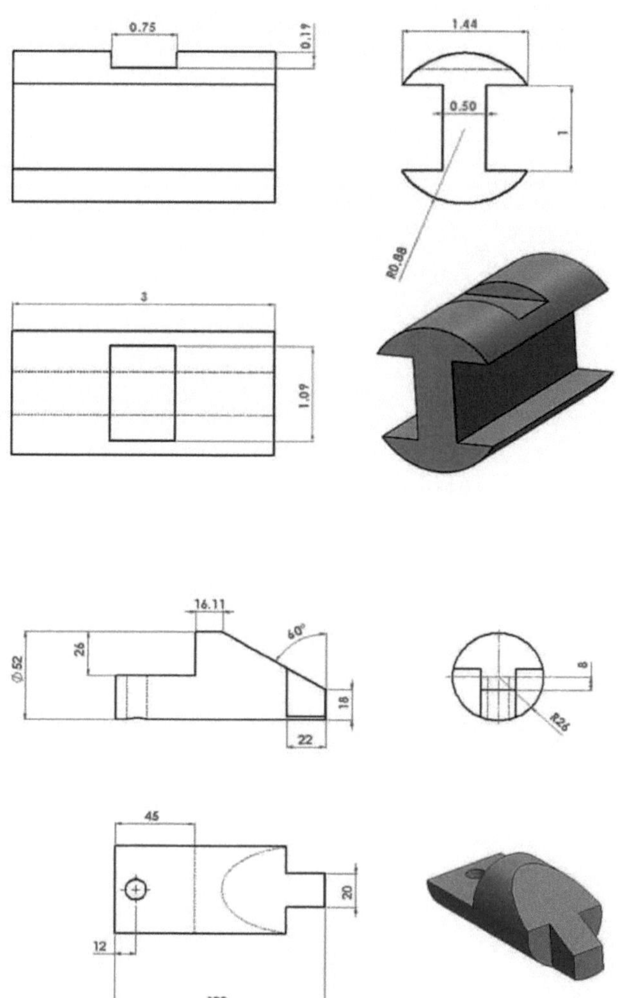
0.75
0.19
1.44
0.50
1
R0.88
3
1.09
16.11
60°
Ø52
26
18
22
8
R26
45
20
12
120

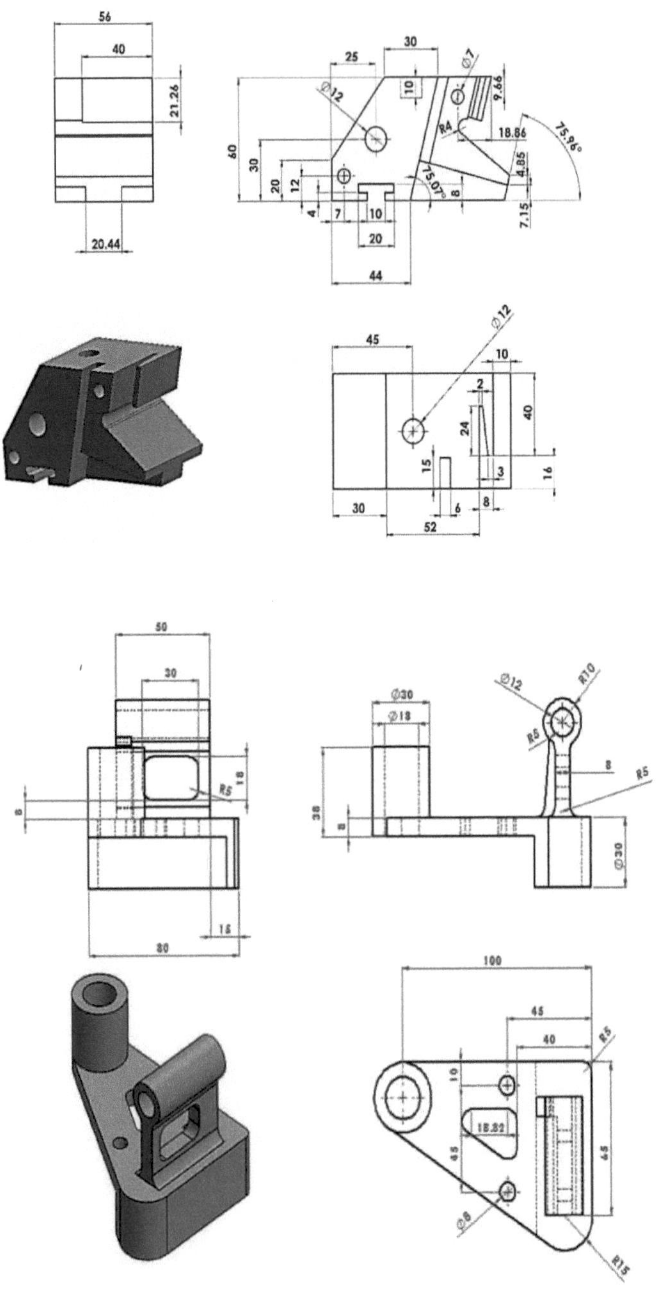
56
40
21.26
20.44
30
25
Ø7
Ø12
10
9.66
R4
18.86
75.96°
60
30
20
12
4.85
75.07°
8
7.15
4
7
10
20
44
Ø12
45
10
2
40
24
15
3
16
30
6
8
52
50
30
R5
18
8
15
80
Ø30
Ø18
Ø12
R10
R5
8
R5
38
8
Ø30
100
45
40
R5
10
18.32
45
45
Ø8
R15

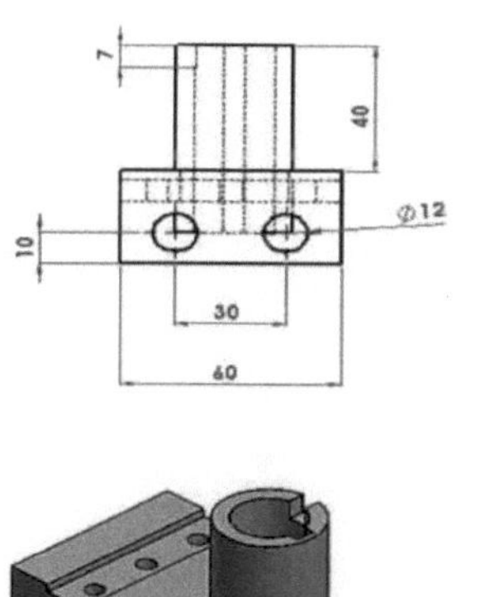
7
40
10
Ø12
30
60

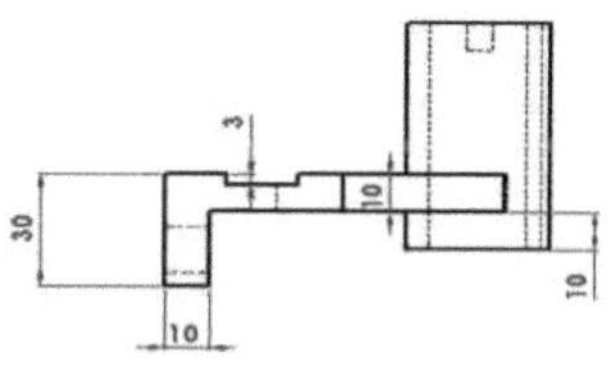
3
30
10
10
10

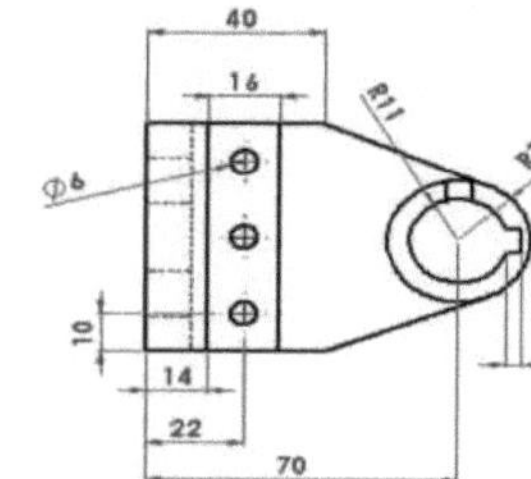
40
16
R11
R16
Ø6
6
10
14
22
70
3.42

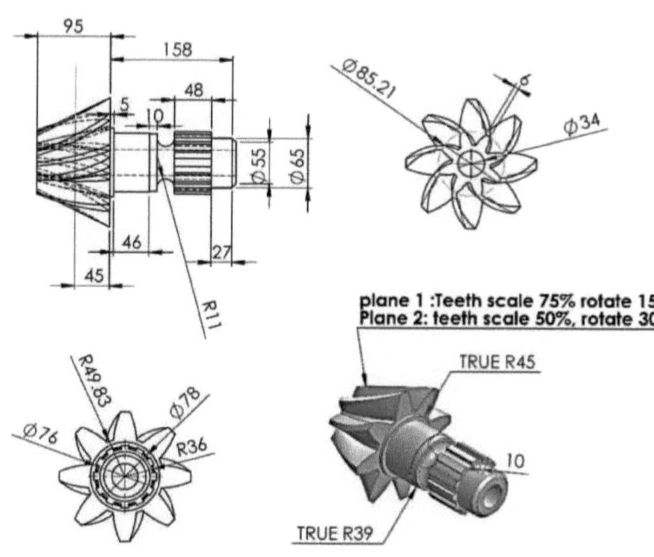
95
158
48
5
10
Ø55
Ø65
46
27
45
R11
Ø85.21
6
Ø34
plane 1 :Teeth scale 75% rotate 15
Plane 2: teeth scale 50%, rotate 30
TRUE R45
R49.83
Ø78
Ø76
R36
10
TRUE R39

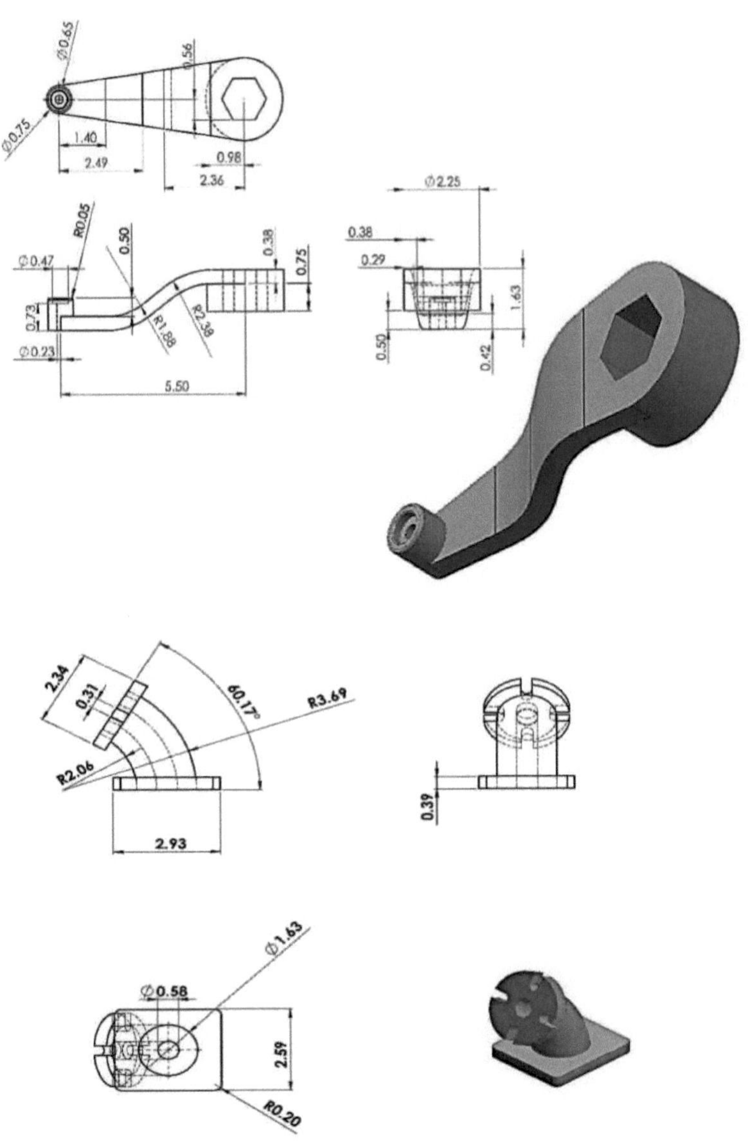

Ø0.65
0.56
Ø0.75
1.40
2.49
0.98
2.36
Ø2.25
R0.05
0.50
0.38
0.75
Ø0.47
0.73
R1.88
R2.38
Ø0.23
5.50
0.38
0.29
1.63
0.50
0.42
2.34
0.31
60.17°
R3.69
R2.06
2.93
0.39
Ø1.63
Ø0.58
2.59
R0.20

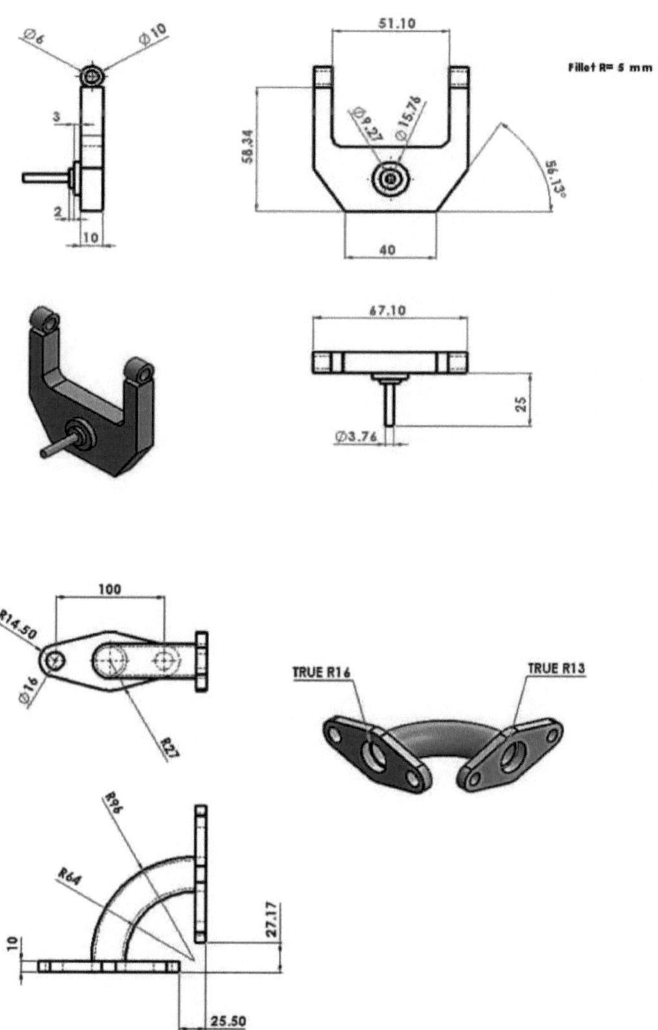

Ø6
Ø10
3
2
10
51.10
Fillet R= 5 mm
58.34
Ø9.27
Ø15.76
56.13°
40
67.10
25
Ø3.76
100
R14.50
Ø16
R27
TRUE R16
TRUE R13
R96
R64
10
27.17
25.50

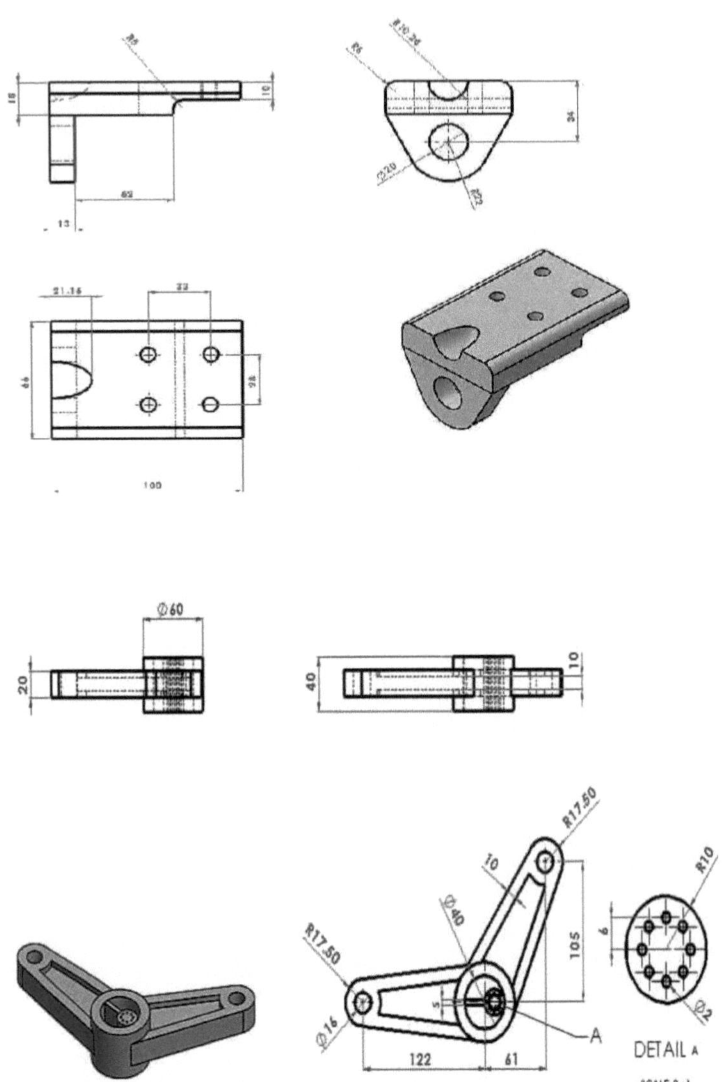

Ø60
20
40
10
R17.50
10
Ø40
105
R17.50
5
Ø16
122
61
A
R10
6
Ø2
DETAIL A
SCALE 2 : 1

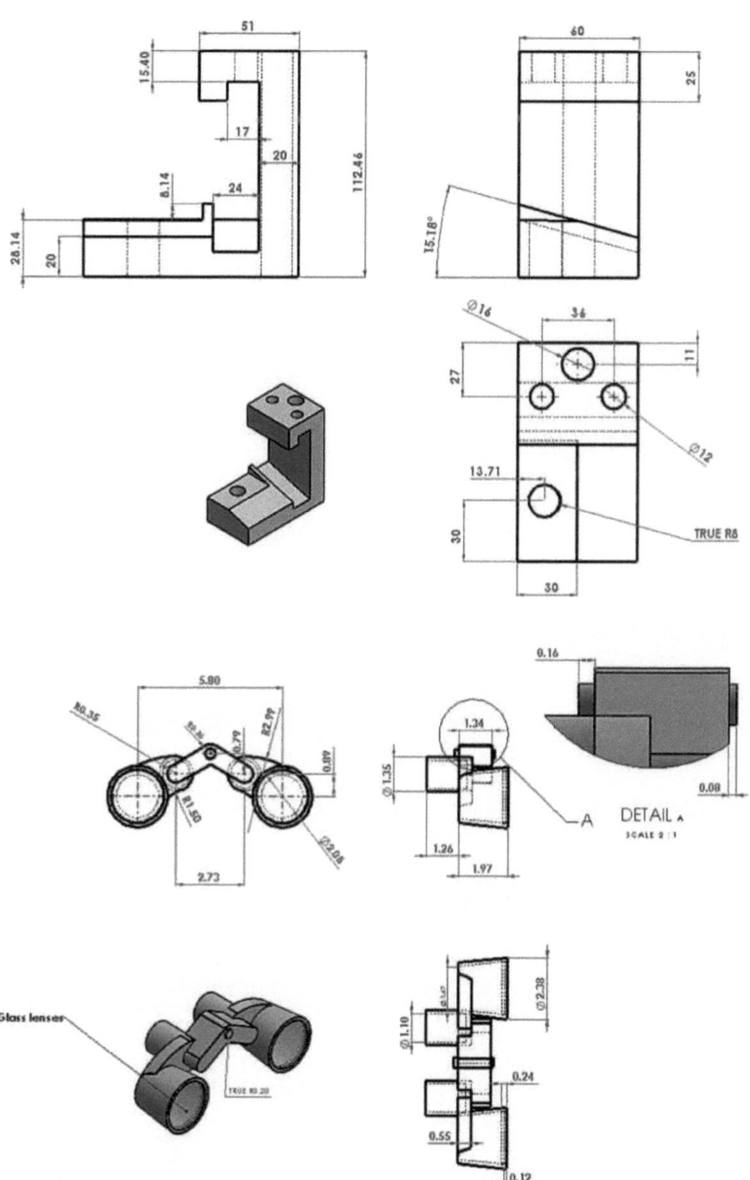

51
15.40
17
20
112.46
8.14
24
28.14
20
60
25
15.18°
Ø16
36
11
27
Ø12
13.71
30
TRUE R8
30
5.80
R0.35
R2.99
0.79
0.89
R1.60
Ø2.08
2.73
0.16
1.34
Ø1.35
A
DETAIL A
0.08
1.26
1.97
Glass lenses
Ø2.38
Ø1.10
0.24
0.55
0.12

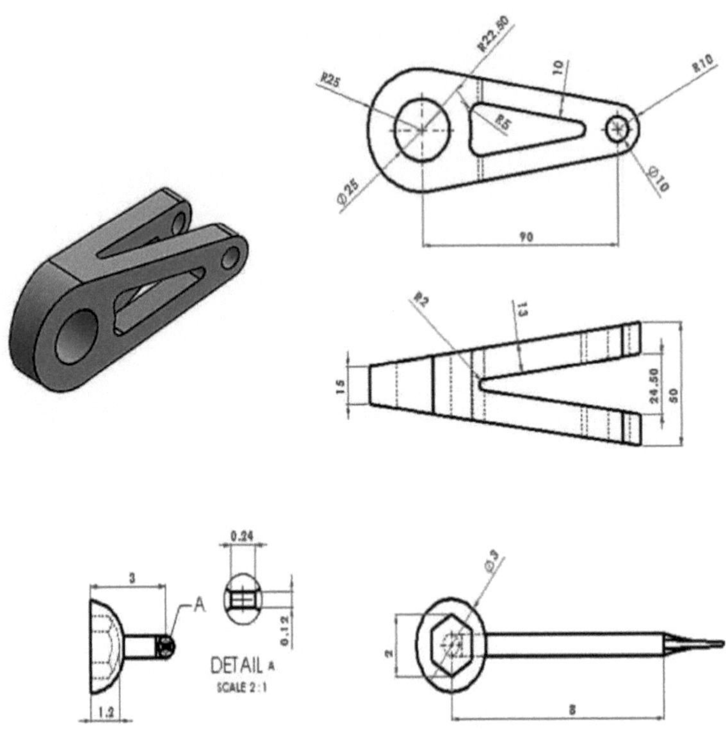
R22.50
R25
10
R10
R5
Ø25
Ø10
90
R2
13
15
24.50
50

0.24
3
A
0.12
DETAIL A
SCALE 2 : 1
1.2

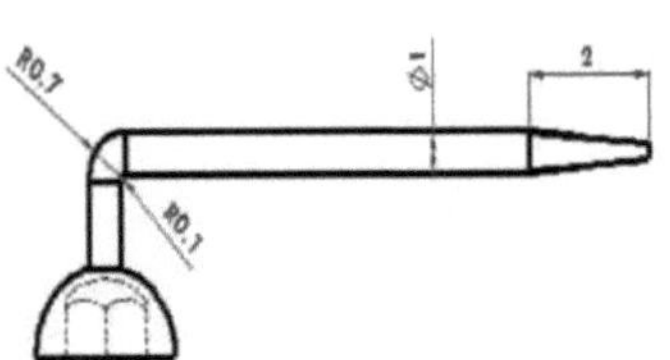
Ø3
2
8

8-4 Montagens

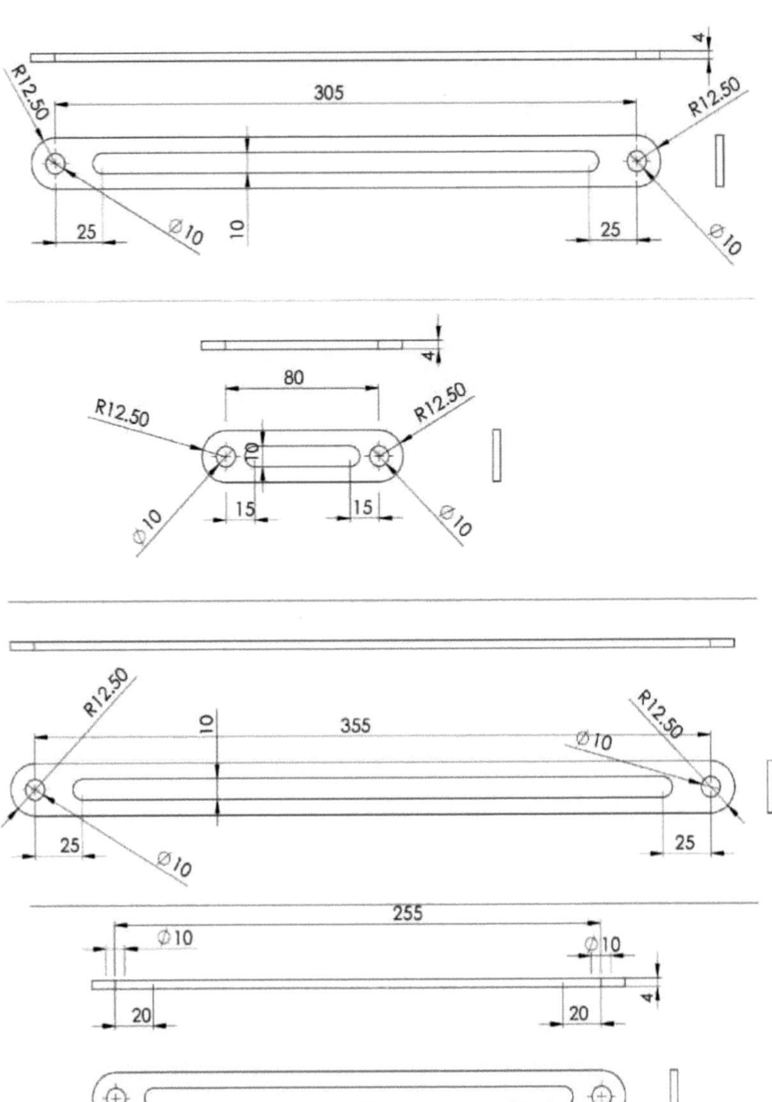
4
305
R12.50
R12.50
10
25
Ø10
25
Ø10
4
80
R12.50
R12.50
10
Ø10
15
15
Ø10
R12.50
10
355
R12.50
Ø10
25
Ø10
25
255
Ø10
Ø10
4
20
20

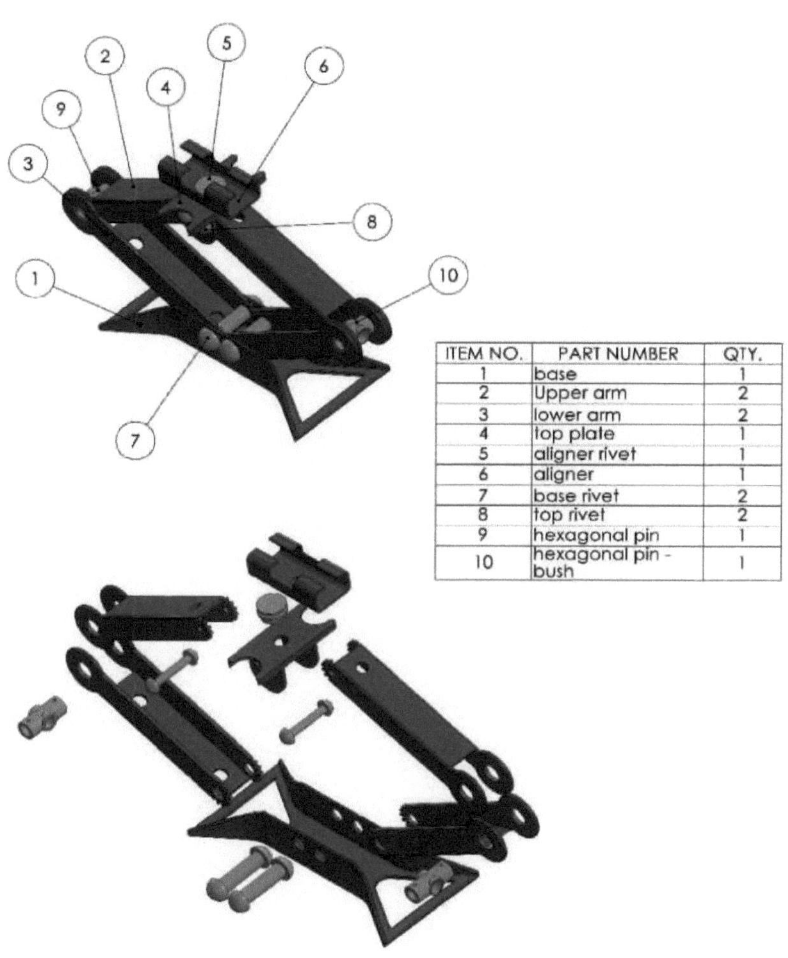

ITEM NO.	PART NUMBER	QTY.
1	base	1
2	Upper arm	2
3	lower arm	2
4	top plate	1
5	aligner rivet	1
6	aligner	1
7	base rivet	2
8	top rivet	2
9	hexagonal pin	1
10	hexagonal pin - bush	1

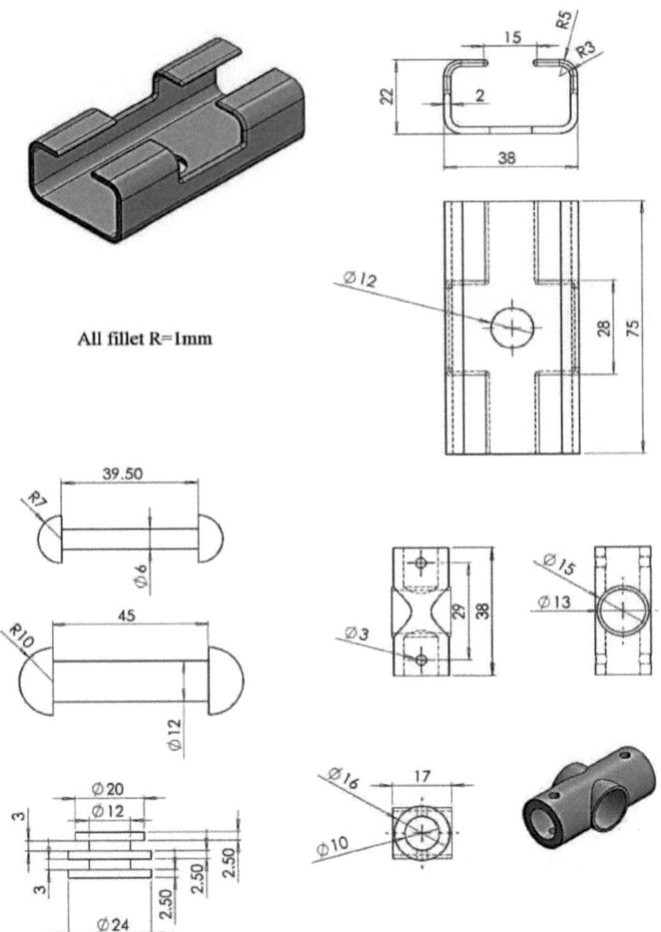
All fillet R=1mm
R5
15
R3
22
2
38
Ø12
28
75
39.50
R7
Ø6
45
R10
Ø12
29
38
Ø3
Ø15
Ø13
Ø20
Ø12
3
3
2.50
2.50
2.50
Ø24
Ø16
17
Ø10

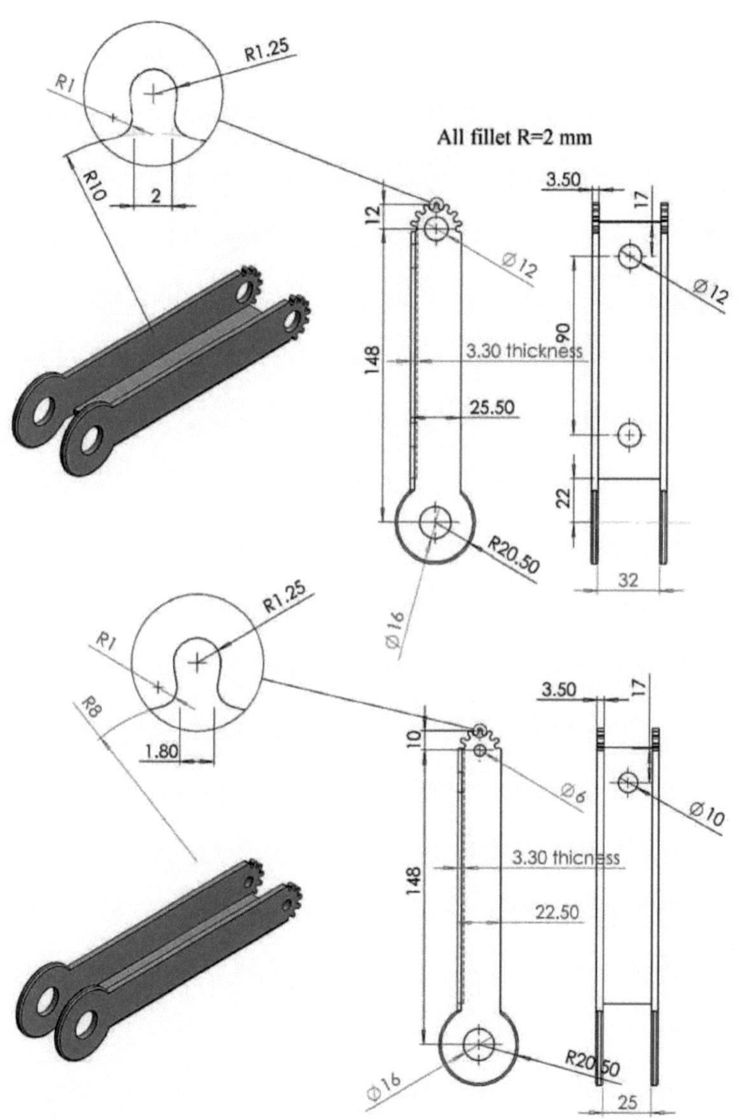
R1.25
R1
R10
2
All fillet R=2 mm
3.50
17
12
Ø12
Ø12
90
148
3.30 thickness
25.50
22
R20.50
32
Ø16
R1.25
R1
R8
1.80
3.50
17
10
Ø6
Ø10
148
3.30 thicness
22.50
R20.50
Ø16
25

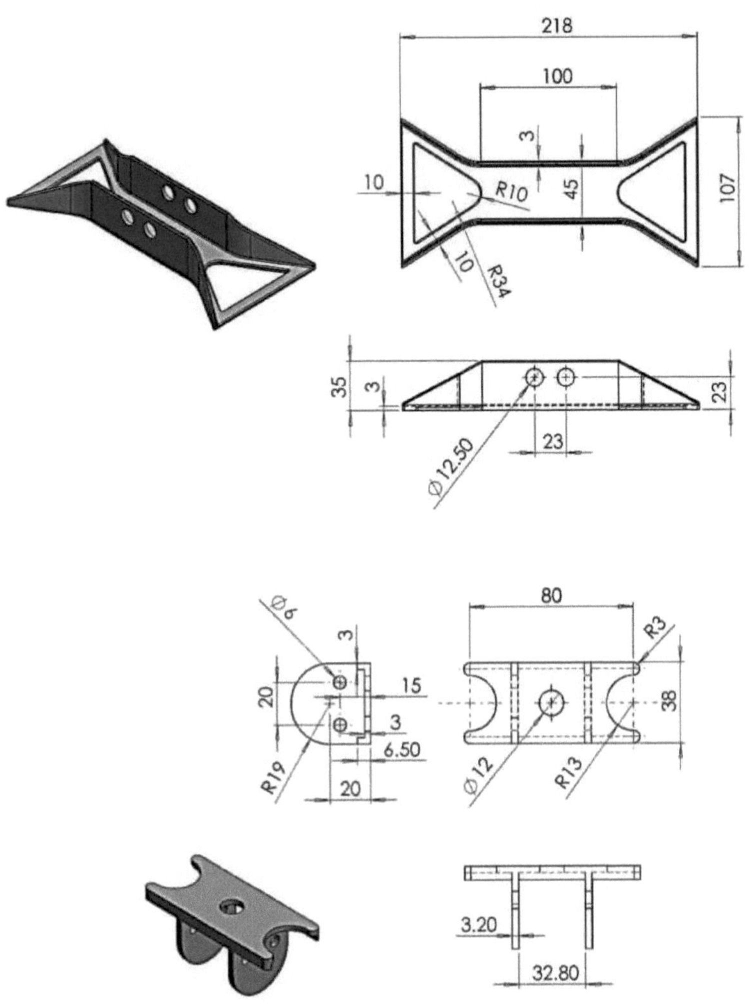
218
100
3
10
R10
45
107
10
R34
35
3
23
Ø12.50
23
Ø6
3
20
15
3
6.50
R19
20
80
R3
38
Ø12
R13
3.20
32.80

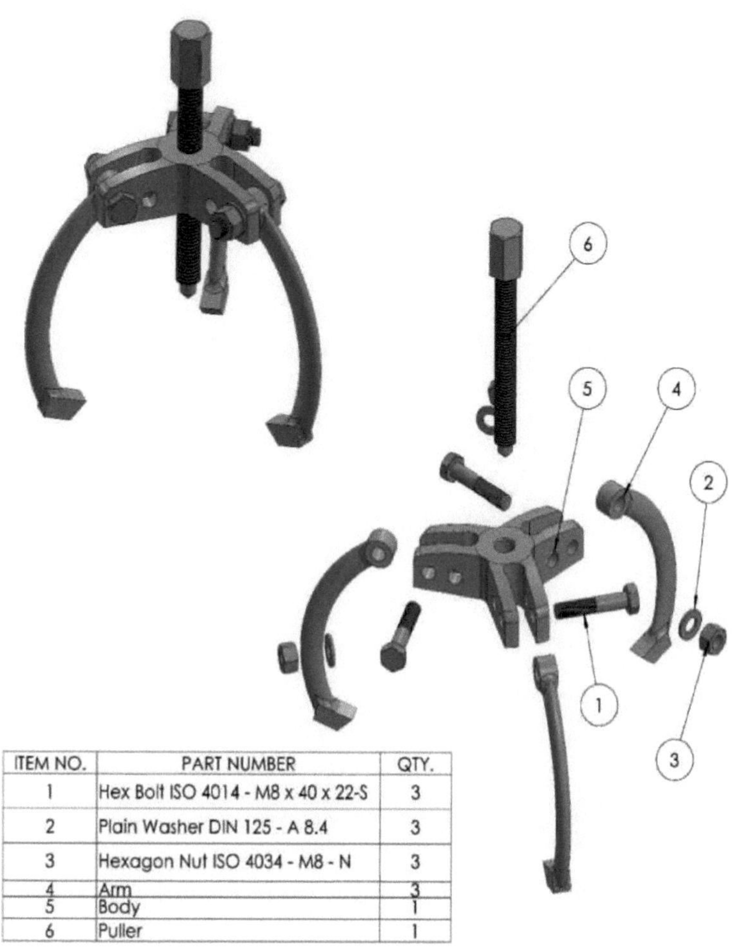

ITEM NO.	PART NUMBER	QTY.
1	Hex Bolt ISO 4014 - M8 x 40 x 22-S	3
2	Plain Washer DIN 125 - A 8.4	3
3	Hexagon Nut ISO 4034 - M8 - N	3
4	Arm	3
5	Body	1
6	Puller	1

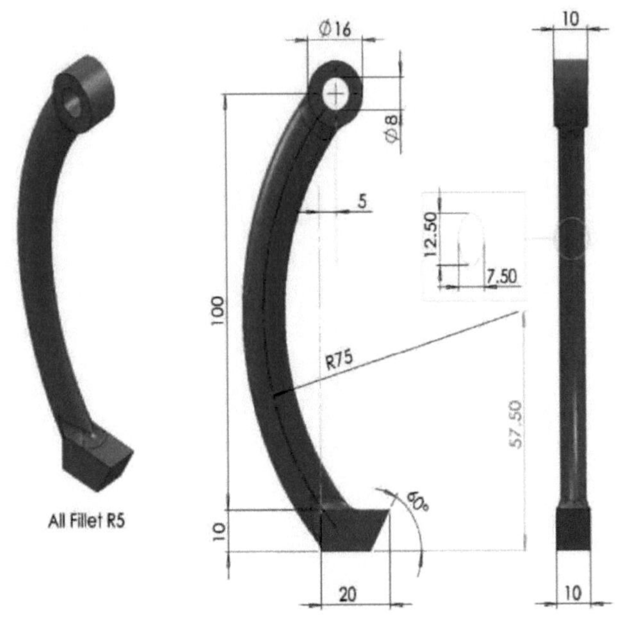
Ø16
10
Ø8
5
12.50
7.50
100
R75
57.50
60°
All Fillet R5
10
20
10

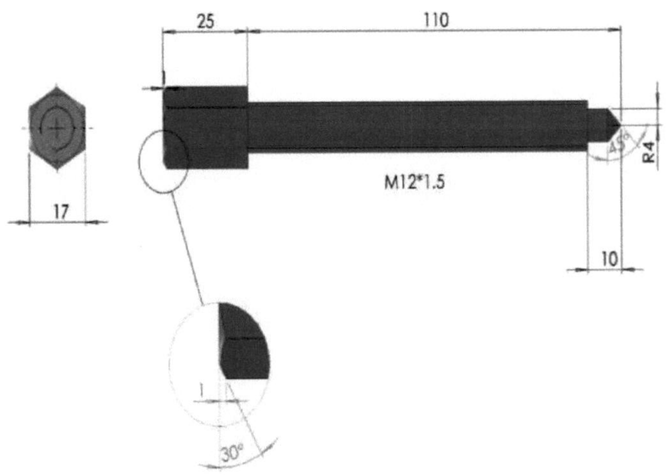
25
110
17
M12*1.5
45°
R4
10
1
30°

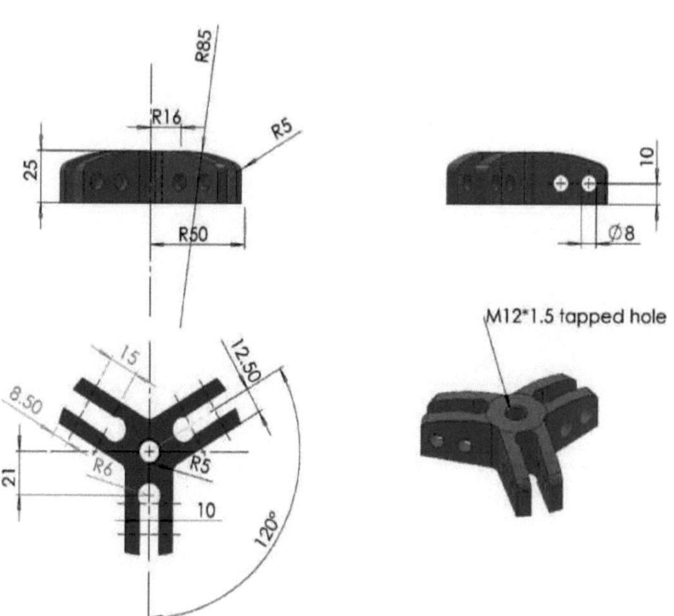
R85
R16
R5
25
R50
10
Ø8
M12*1.5 tapped hole
15
12.50
8.50
21
R6
R5
10
120°

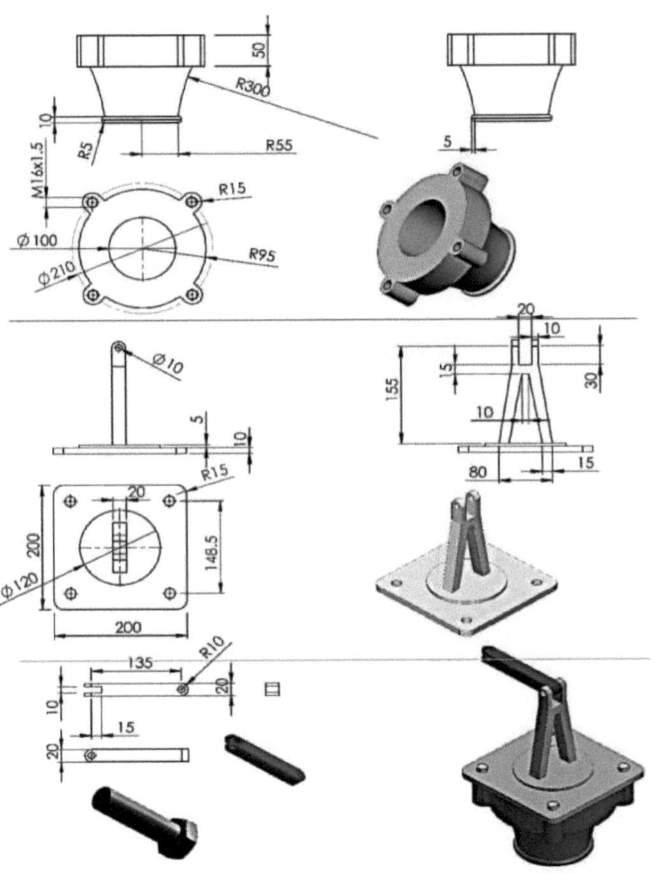

50
R300
10
R5
M16x1.5
R55
5
R15
Ø100
Ø210
R95
20
10
Ø10
5
10
15
155
30
10
80
15
R15
20
200
Ø120
148.5
200
R10
135
20
10
15
20

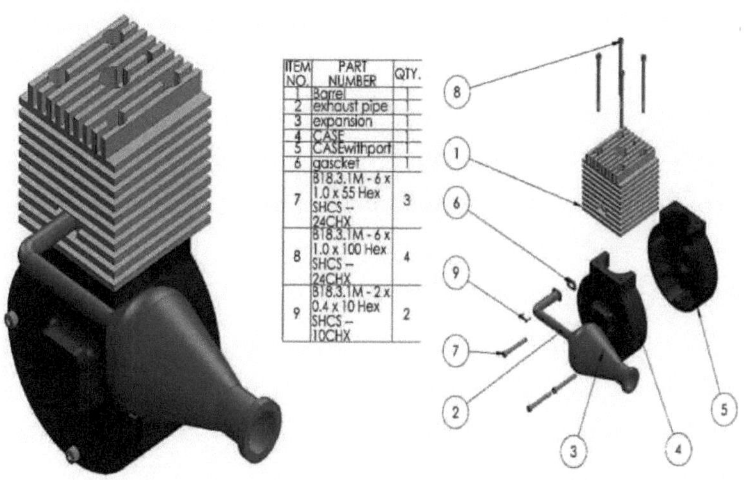

ITEM NO.	PART NUMBER	QTY.
1	Barrel	1
2	exhaust pipe	1
3	expansion	1
4	CASE	1
5	CASEwithport	1
6	gascket	1
7	B18.3.1M - 6 x 1.0 x 55 Hex SHCS -- 24CHX	3
8	B18.3.1M - 6 x 1.0 x 100 Hex SHCS -- 24CHX	4
9	B18.3.1M - 2 x 0.4 x 10 Hex SHCS -- 10CHX	2

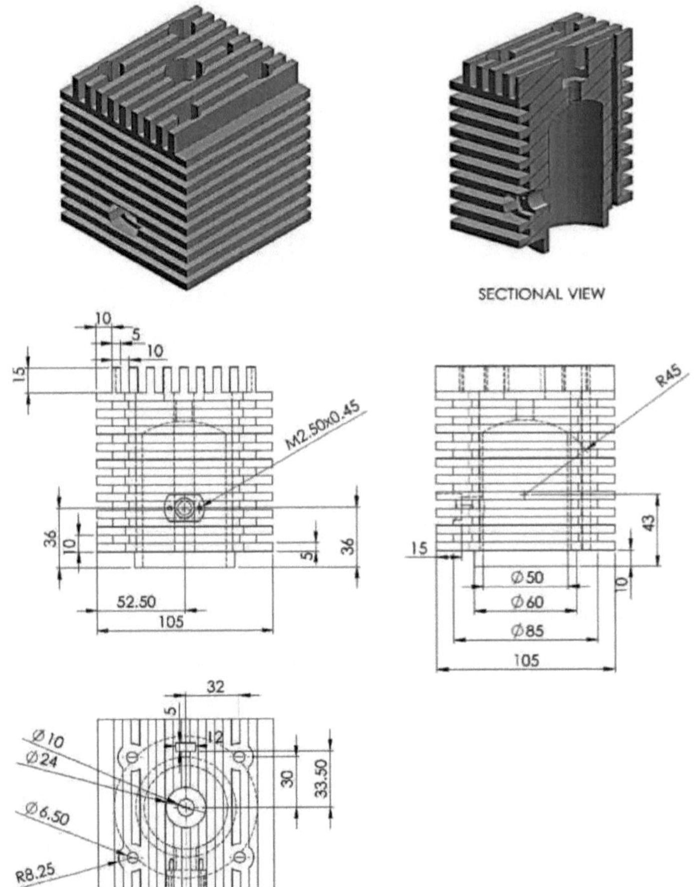
SECTIONAL VIEW
10
5
10
15
M2.50x0.45
36
10
5
36
52.50
105
R45
43
15
Ø50
Ø60
Ø85
10
105
32
5
12
Ø10
Ø24
Ø6.50
R8.25
30
33.50

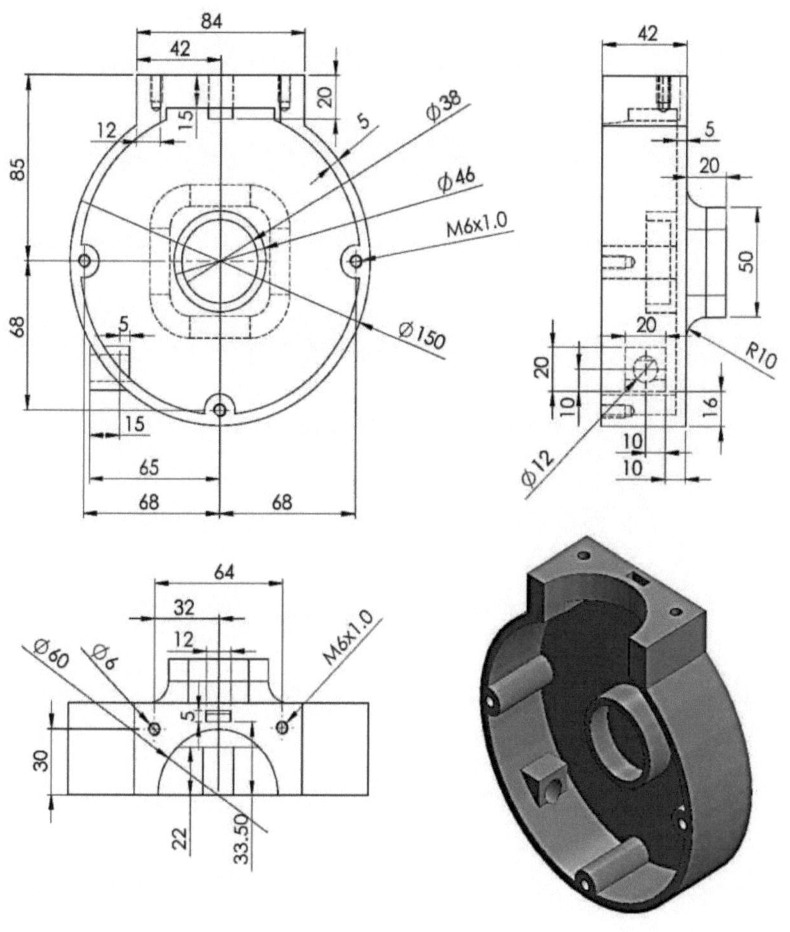
84
42
85
68
20
15
12
5
Ø38
Ø46
M6x1.0
Ø150
5
15
65
68
68
42
5
20
50
20
R10
20
10
16
Ø12
10
10
64
32
12
Ø60
Ø6
M6x1.0
5
30
22
33.50

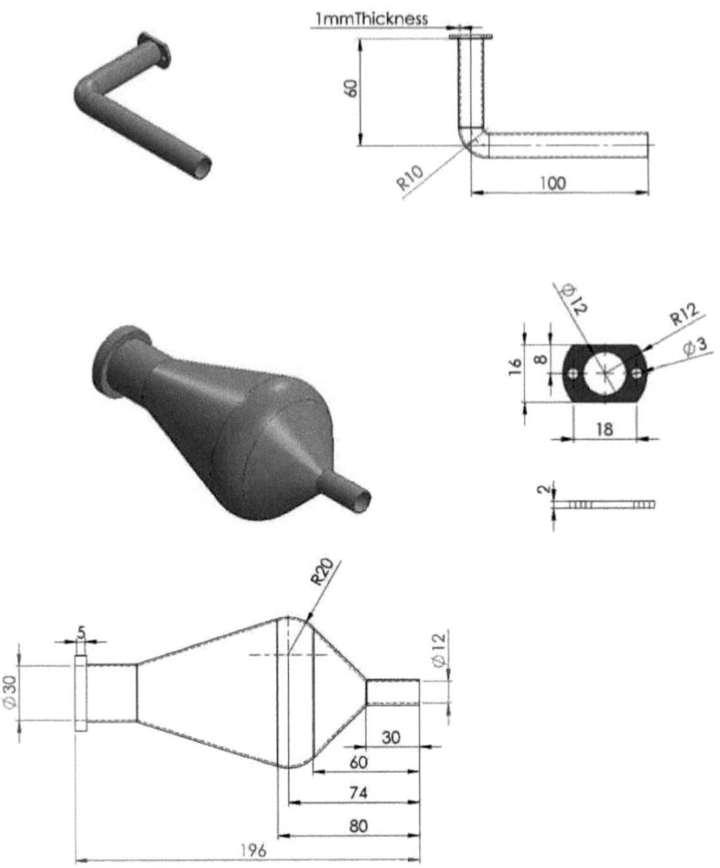
1mmThickness
60
R10
100
Ø12
R12
Ø3
16
8
18
2
R20
5
Ø30
Ø12
30
60
74
80
196

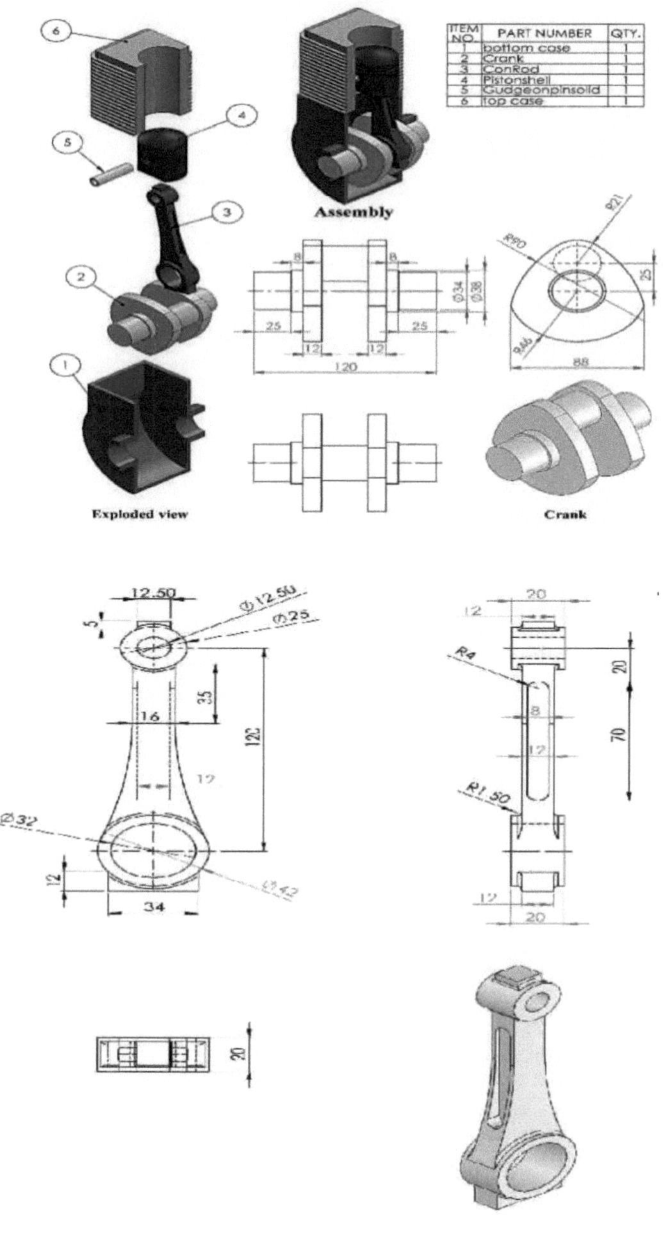

ITEM NO.	PART NUMBER	QTY.
1	bottom case	1
2	Crank	1
3	ConRod	1
4	Pistonshell	1
5	Gudgeonpinsolid	1
6	top case	1

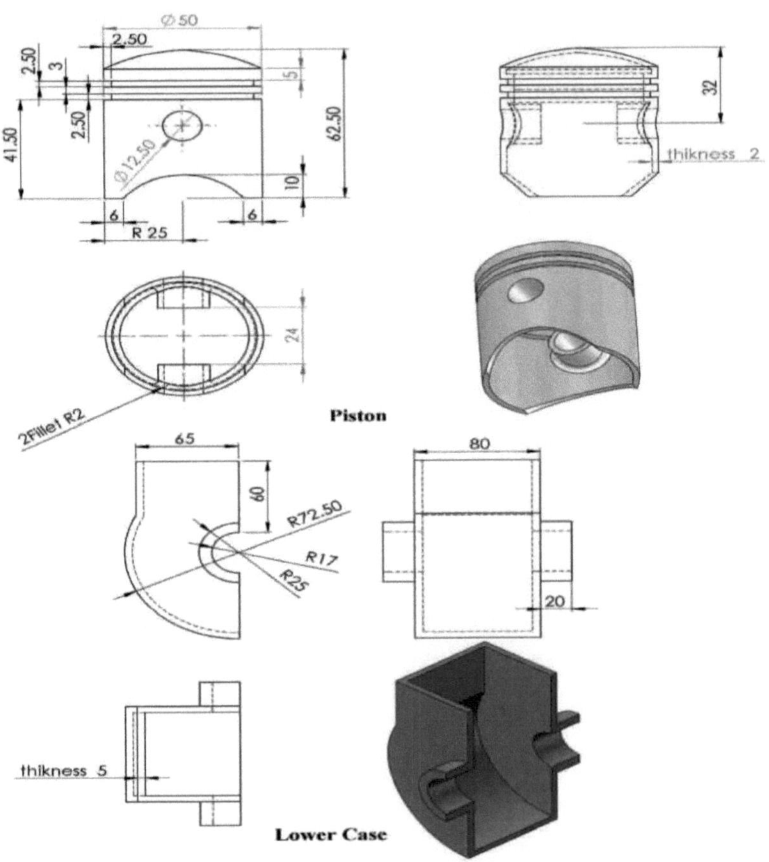

Piston

Lower Case

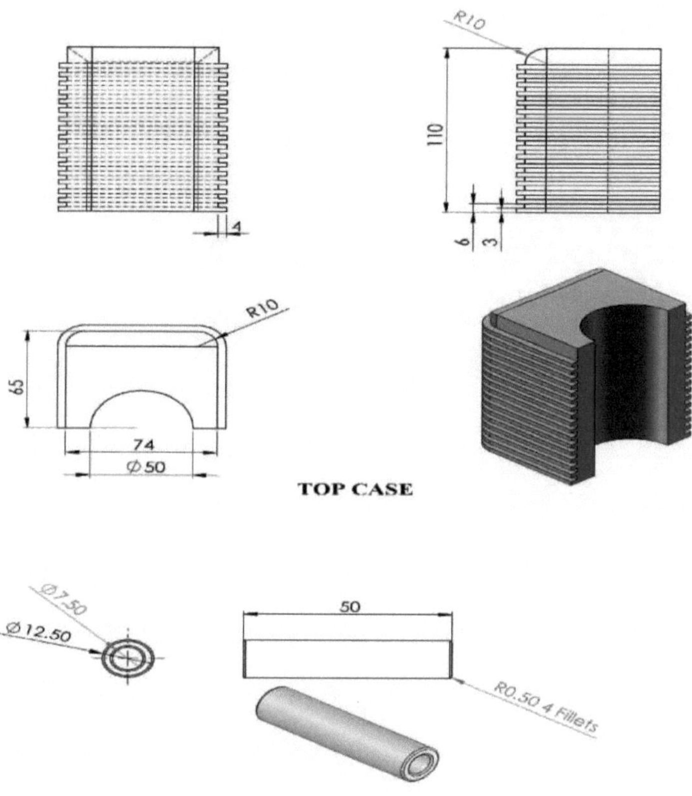

TOP CASE

Gudgen pin

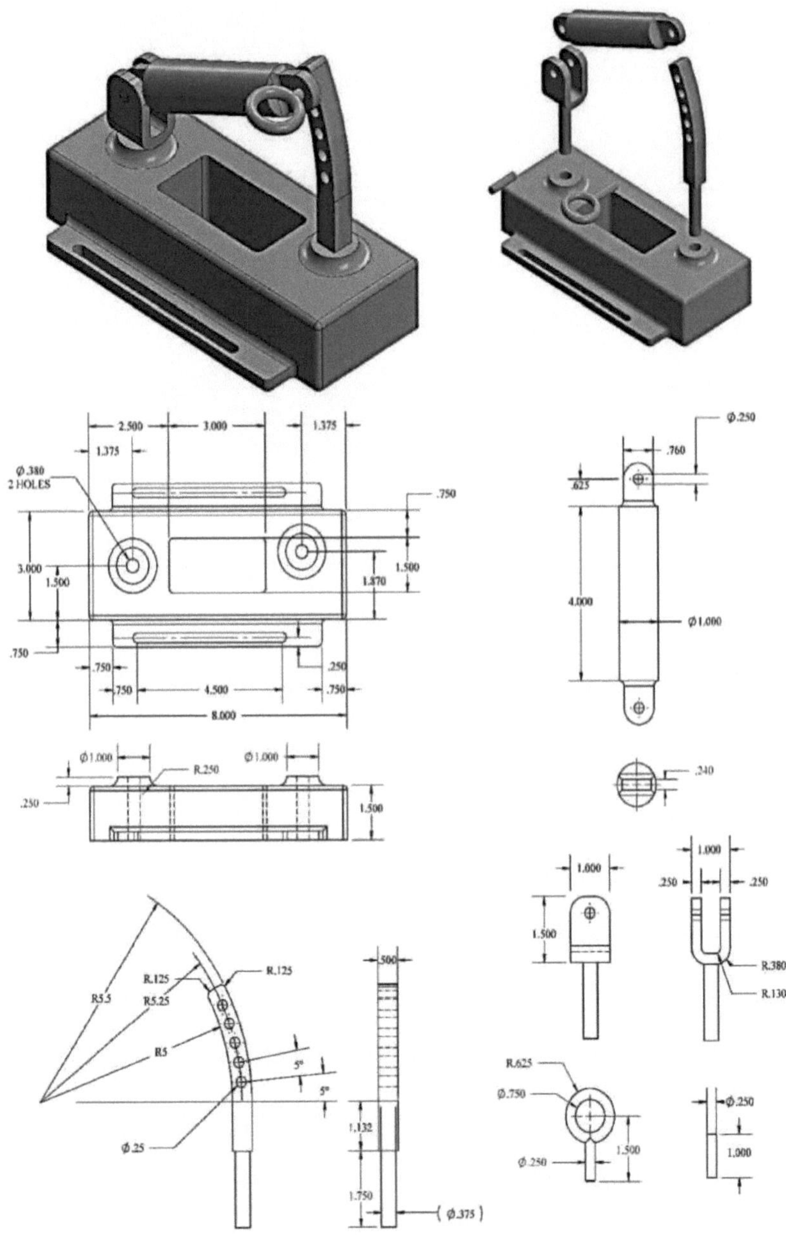
2.500
3.000
1.375
1.375
Ø.380
2 HOLES
.750
3.000
1.500
1.500
1.870
.750
.750
.250
.750
4.500
.750
8.000
Ø1.000
R.250
Ø1.000
.250
1.500
Ø.250
.760
.625
4.000
Ø1.000
.240
1.000
1.000
.250
.250
1.500
R.380
R.130
R.125
R.125
R5.5
R5.25
R5
5°
5°
Ø.25
.500
1.132
1.750
(Ø.375)
R.625
Ø.750
Ø.250
1.500
Ø.250
1.000

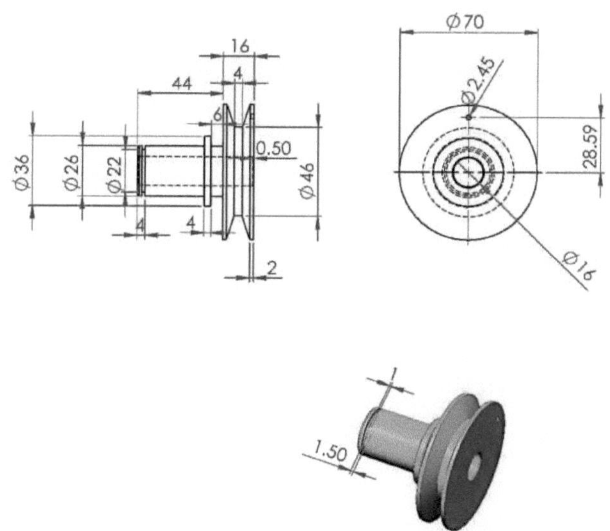

16
4
44
6
0.50
Ø36
Ø26
Ø22
Ø46
4
4
2
Ø70
Ø2.45
28.59
Ø16
1
1.50

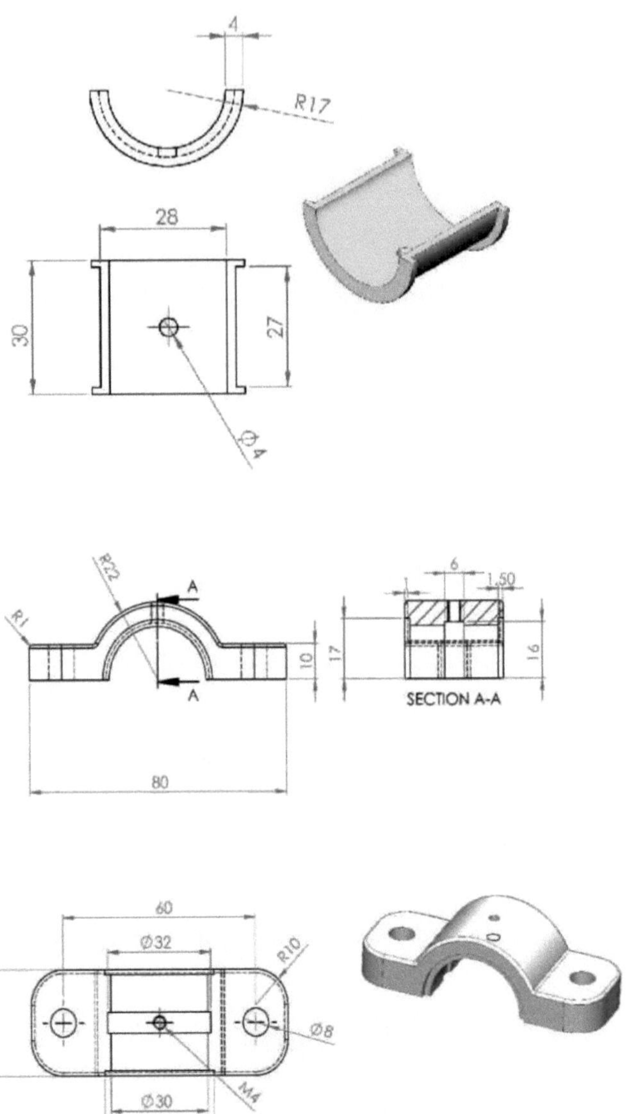
4
R17
28
30
27
Ø4
R22
R1
A
A
10
80
6
1.50
1
17
16
SECTION A-A
60
Ø32
R10
30
Ø8
M4
Ø30
Ø34

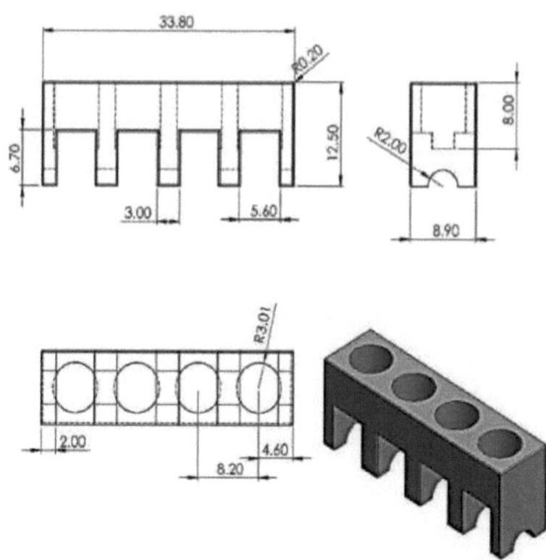

33.80
R0.20
12.50
6.70
3.00
5.60
R2.00
8.00
8.90
R3.01
2.00
4.60
8.20

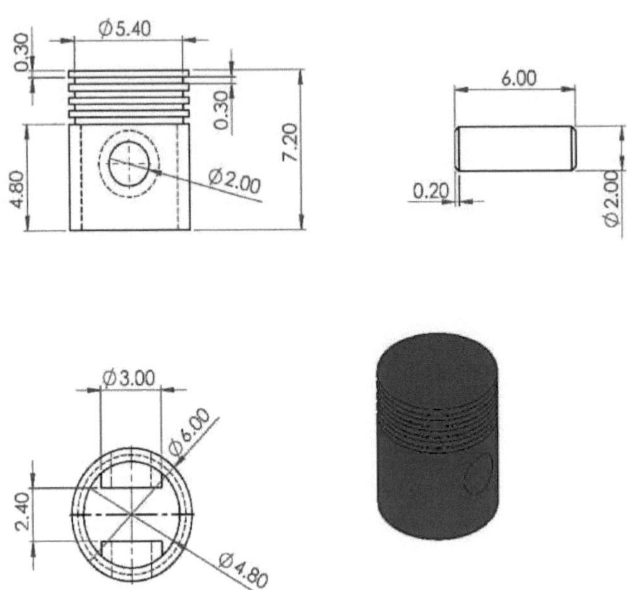
Ø5.40
0.30
0.30
7.20
4.80
Ø2.00
6.00
0.20
Ø2.00
Ø3.00
Ø6.00
2.40
Ø4.80

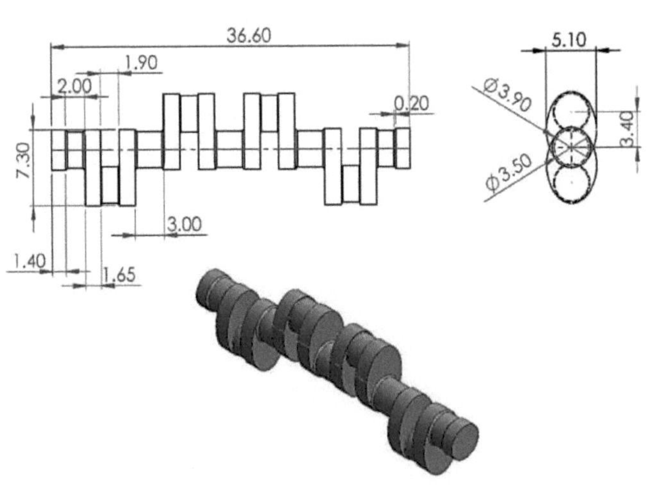
36.60
1.90
2.00
0.20
7.30
3.00
1.40
1.65
5.10
Ø3.90
3.40
Ø3.50

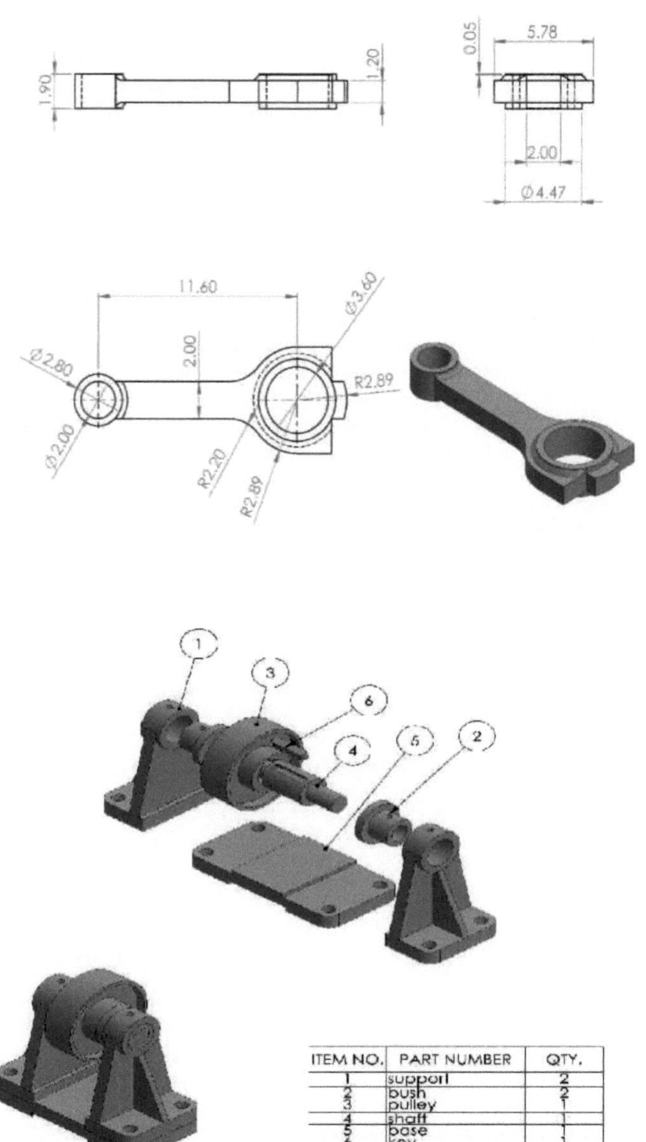

ITEM NO.	PART NUMBER	QTY.
1	support	2
2	bush	2
3	pulley	1
4	shaft	1
5	base	1
6	key	1

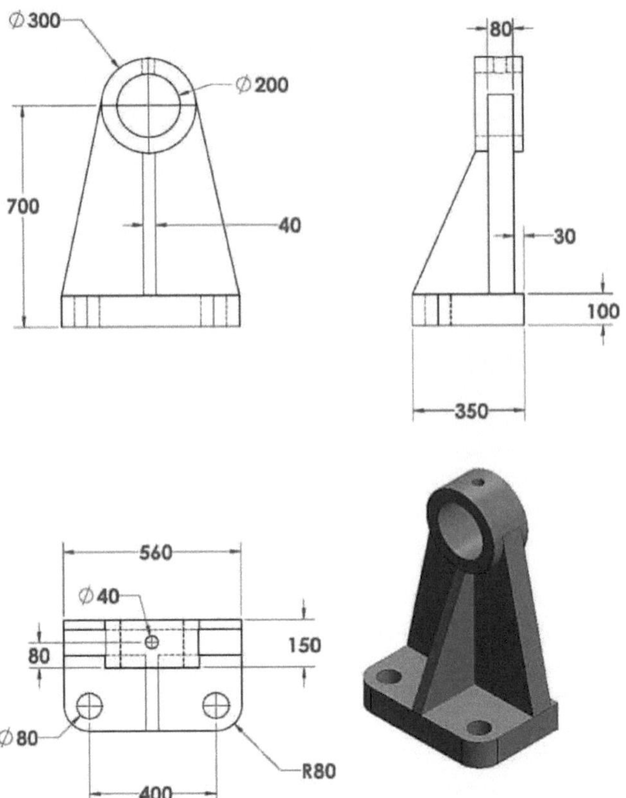
∅300
∅200
700
40
80
30
100
350
560
∅40
150
80
∅80
R80
400

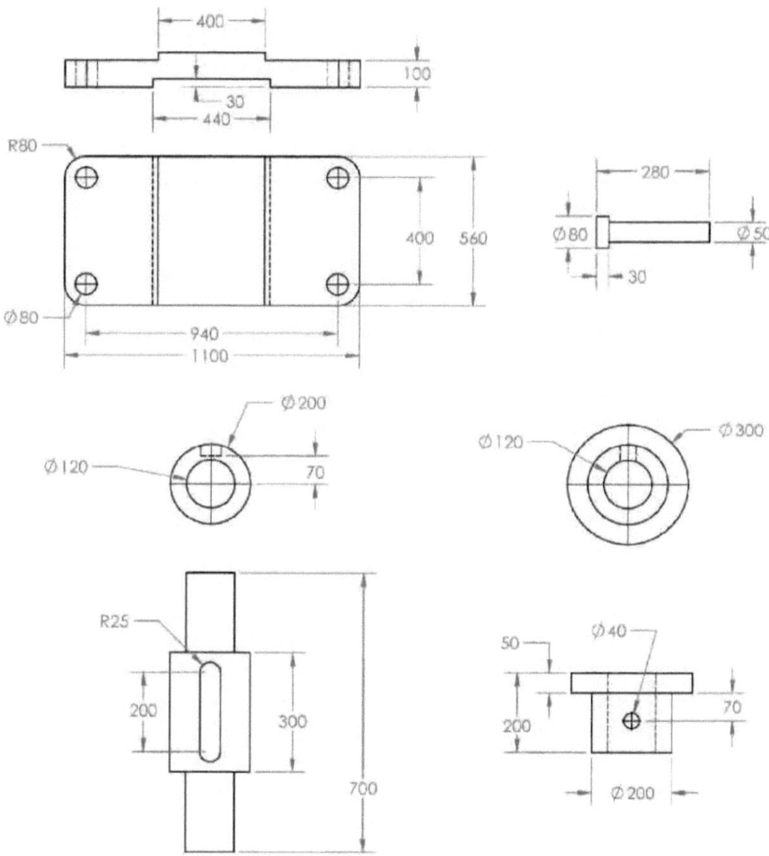
400
100
30
440
R80
400
560
Ø80
940
1100
280
Ø80
Ø50
30
Ø200
Ø120
70
Ø120
Ø300
R25
200
300
700
Ø40
50
200
70
Ø200

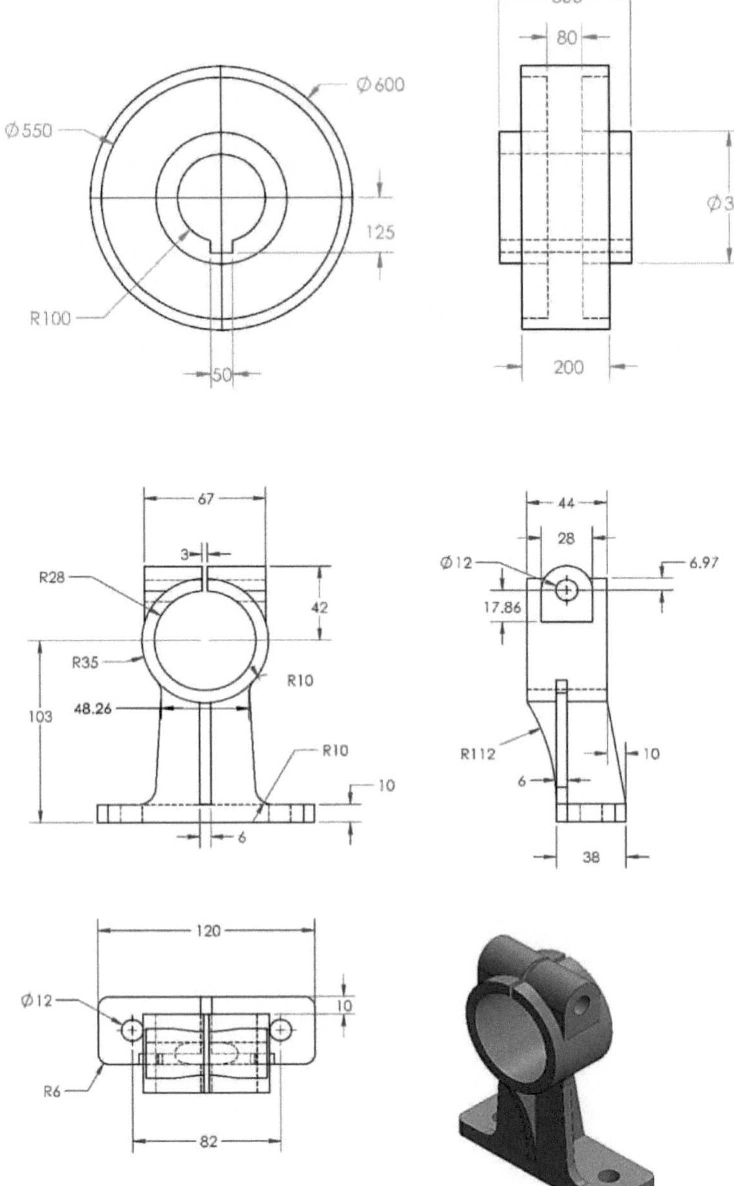
300
80
Ø600
Ø550
125
R100
50
200
Ø300
67
3
R28
42
R35
R10
48.26
103
R10
10
6
44
28
Ø12
6.97
17.86
R112
10
6
38
120
Ø12
10
R6
82

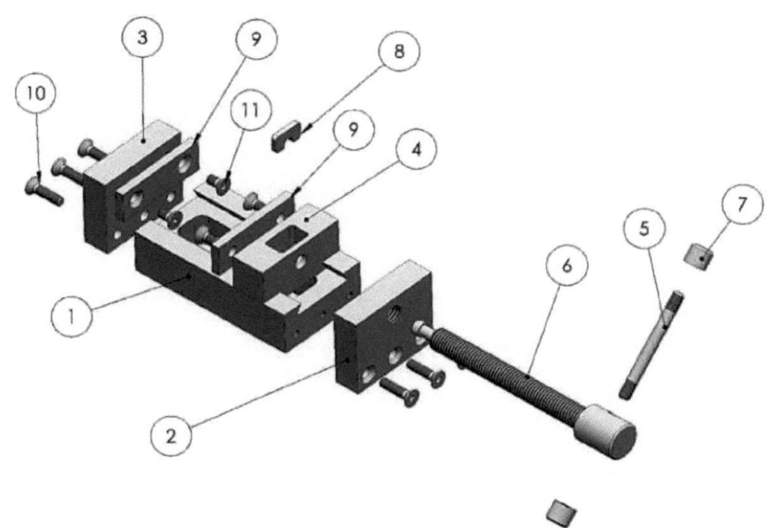

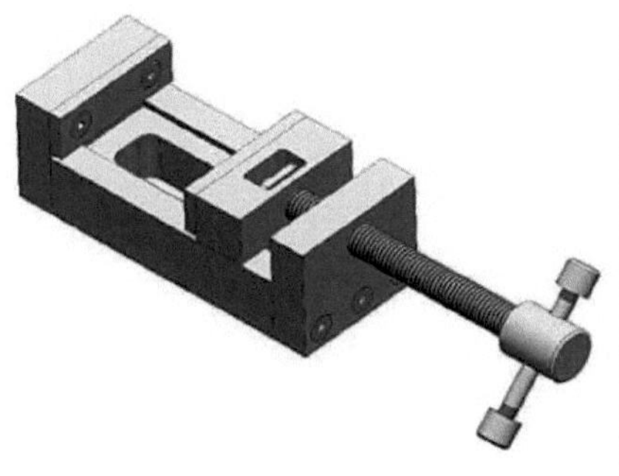

ITEM NO.	PART NUMBER	QTY.
1	Part1	1
2	Part2	1
3	Part3	1
4	Part4	1
5	Part5	1
6	Part6	1
7	Part7	2
8	Part8	1
9	Part9	2
10	B18.3.5M - 5 x 0.8 x 20 Socket FCHS -- 20C	6
11	B18.3.5M - 5 x 0.8 x 10 Socket FCHS -- 10C	4

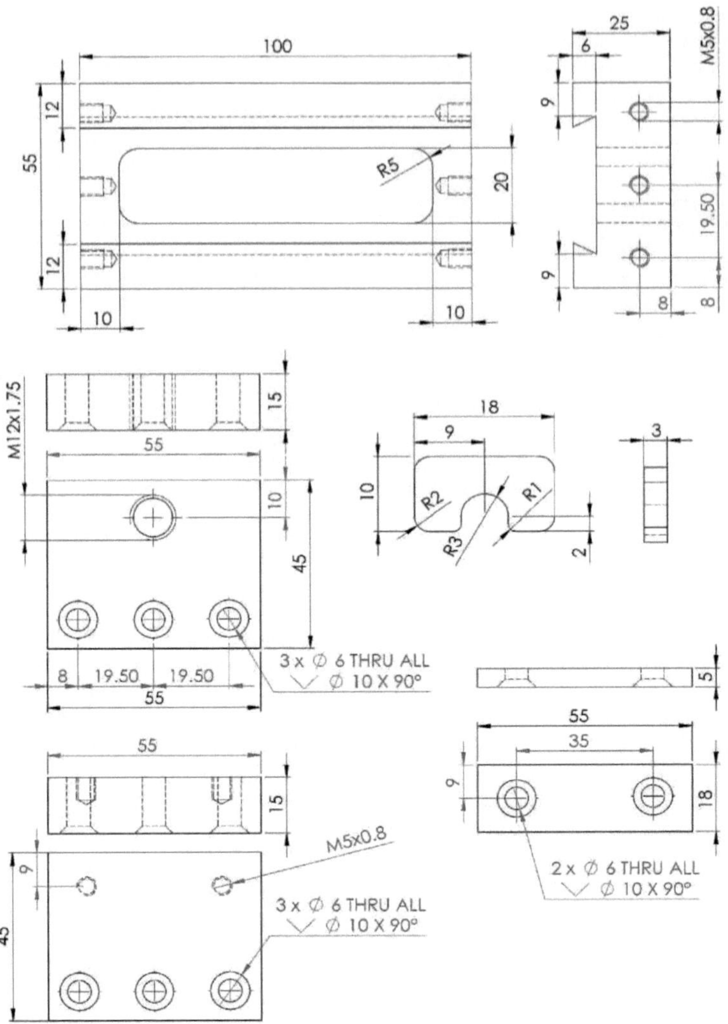
100
25
6
M5x0.8
12
55
R5
20
19.50
10
8
M12x1.75
15
18
9
R2
R1
R3
2
3
45
3 x Ø 6 THRU ALL
Ø 10 X 90°
5
35
2 x Ø 6 THRU ALL
Ø 10 X 90°
M5x0.8
3 x Ø 6 THRU ALL
Ø 10 X 90°

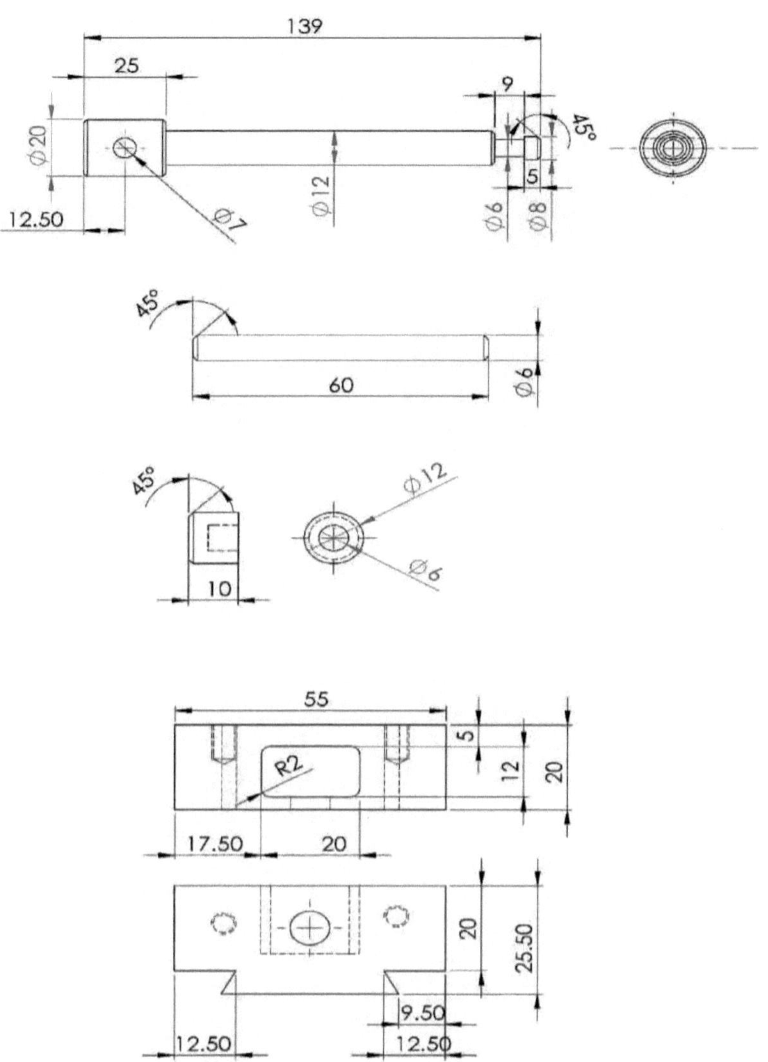
139
25
9
Ø20
45°
5
Ø12
12.50
Ø7
Ø6
Ø8
45°
60
Ø6
45°
Ø12
Ø6
10
55
5
R2
12
20
17.50
20
20
25.50
9.50
12.50
12.50

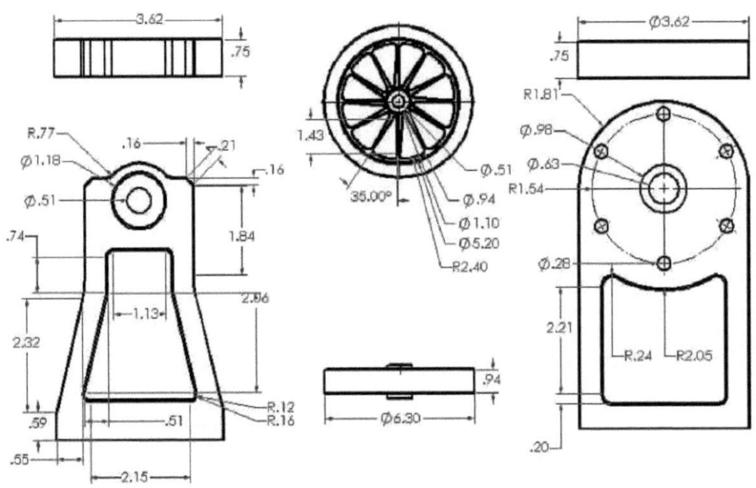

3.62
.75
R.77
.16
.21
Ø1.18
.16
Ø.51
.74
1.84
1.13
2.86
2.32
R.12
.59
.51
R.16
.55
2.15
1.43
35.00°
Ø.51
Ø.94
Ø1.10
Ø5.20
R2.40
.94
Ø6.30
Ø3.62
.75
R1.81
Ø.98
Ø.63
R1.54
Ø.28
2.21
R.24
R2.05
.20

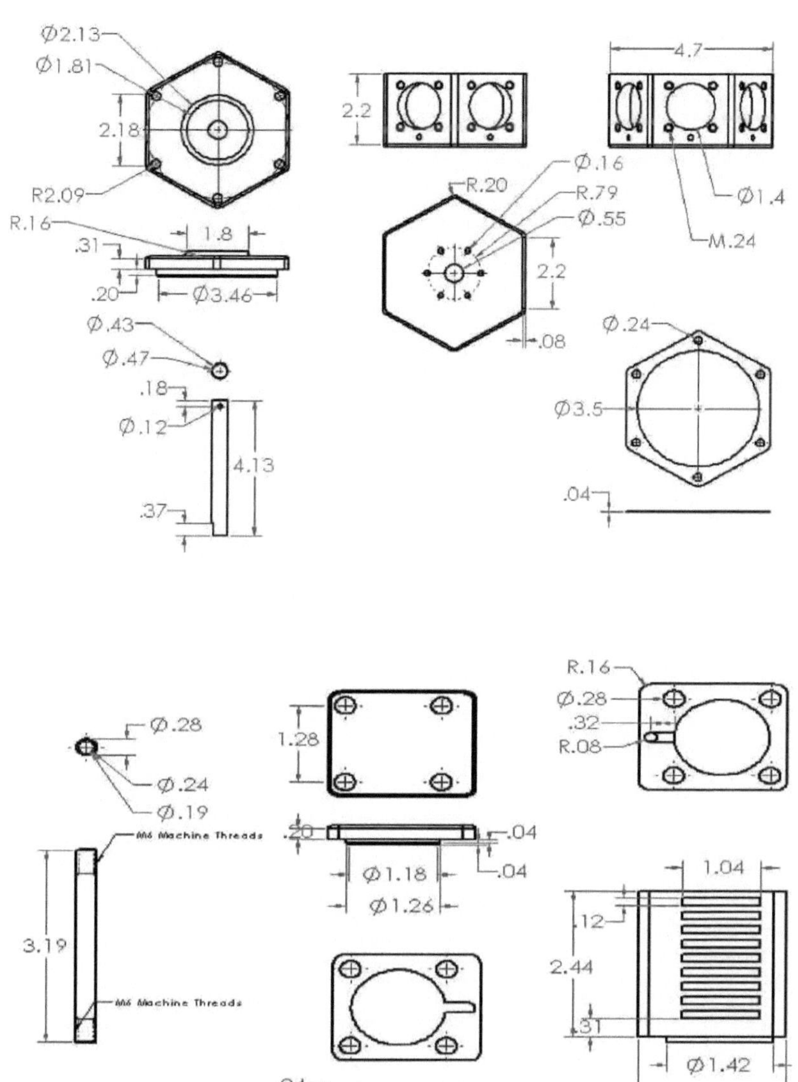
Ø2.13
Ø1.81
2.18
R2.09
R.16
1.8
.31
.20
Ø3.46
Ø.43
Ø.47
.18
Ø.12
4.13
.37
2.2
4.7
R.20
Ø.16
R.79
Ø.55
2.2
.08
Ø1.4
M.24
Ø.24
Ø3.5
.04
Ø.28
Ø.24
Ø.19
M6 Machine Threads
3.19
M6 Machine Threads
1.28
.20
.04
.04
Ø1.18
Ø1.26
.04
R.16
Ø.28
.32
R.08
1.04
.12
2.44
.31
Ø1.42
1.97

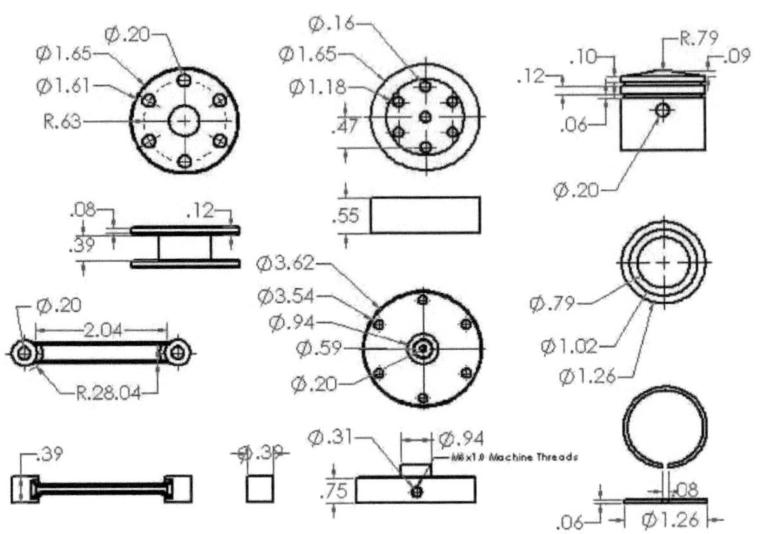
Ø.20
Ø1.65
Ø1.61
R.63
Ø.16
Ø1.65
Ø1.18
.47
.10
R.79
.09
.12
.06
Ø.20
.08
.12
.39
.55
Ø3.62
Ø3.54
Ø.94
Ø.59
Ø.20
Ø.79
Ø1.02
Ø1.26
Ø.20
2.04
R.28.04
.39
Ø.39
Ø.31
Ø.94
.75
.08
.06
Ø1.26

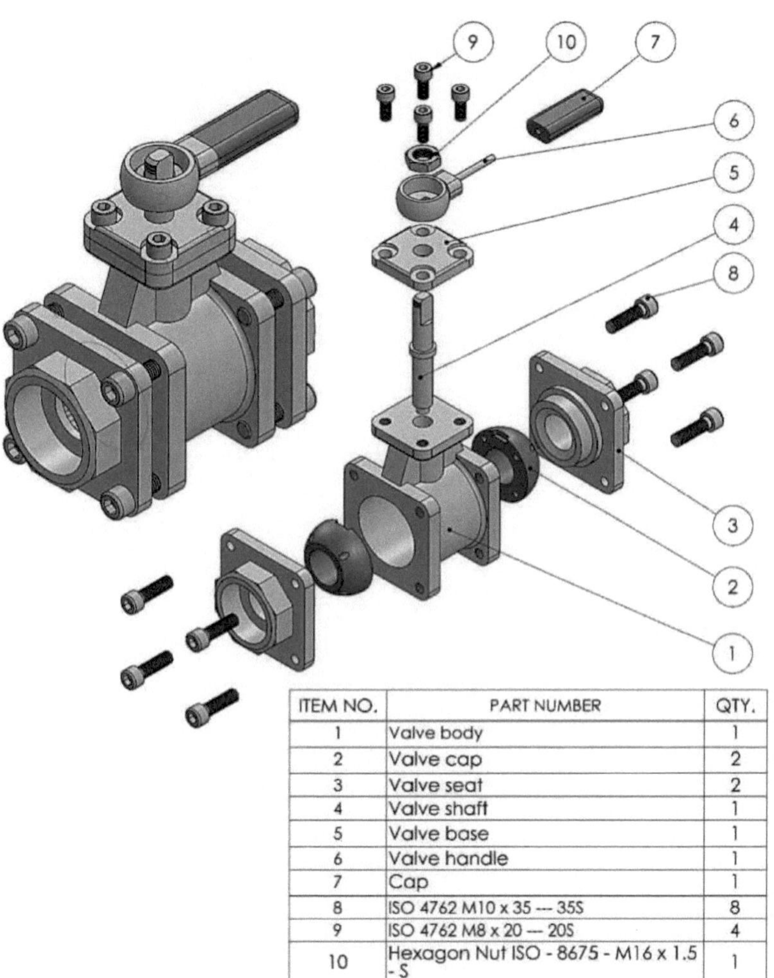

ITEM NO.	PART NUMBER	QTY.
1	Valve body	1
2	Valve cap	2
3	Valve seat	2
4	Valve shaft	1
5	Valve base	1
6	Valve handle	1
7	Cap	1
8	ISO 4762 M10 x 35 --- 35S	8
9	ISO 4762 M8 x 20 --- 20S	4
10	Hexagon Nut ISO - 8675 - M16 x 1.5 - S	1

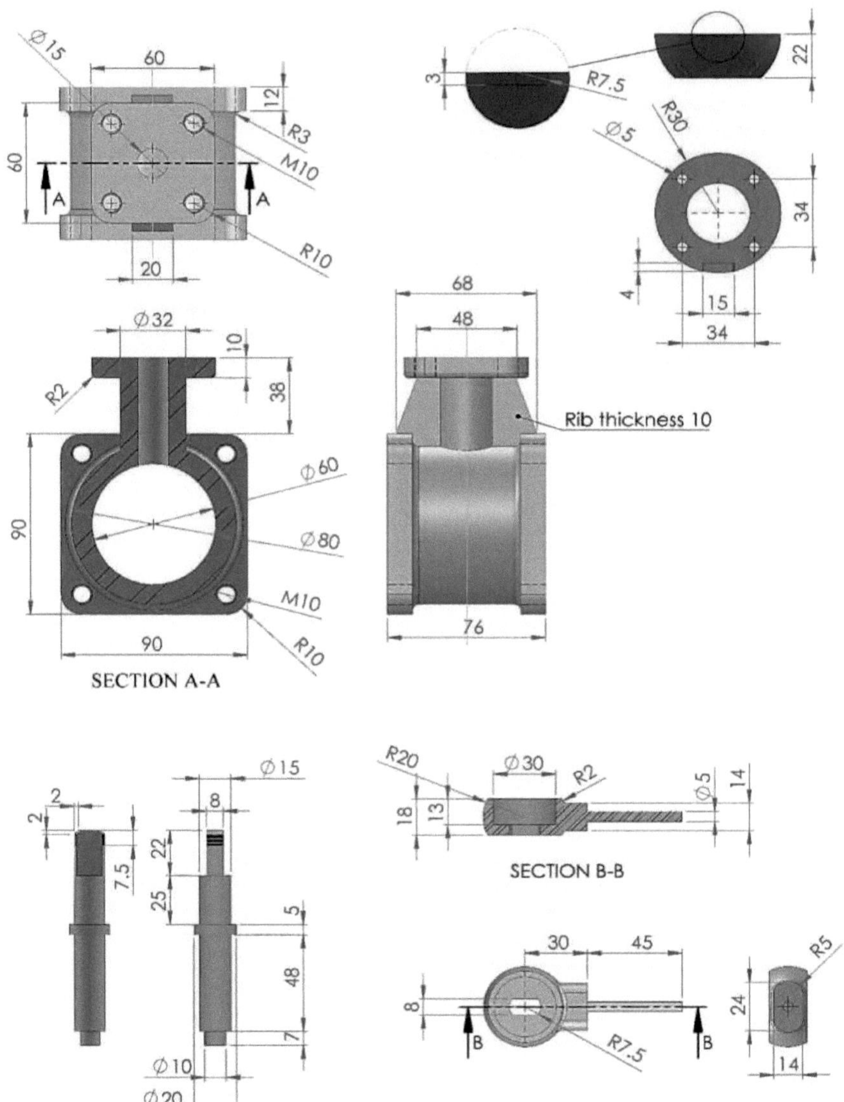
Ø15
60
12
R3
M10
60
A
A
R10
20
3
R7.5
22
R30
Ø5
34
4
15
34
68
48
Ø32
10
38
R2
Rib thickness 10
Ø60
Ø80
90
M10
R10
90
76
SECTION A-A
Ø15
2
2
8
22
7.5
25
5
48
7
Ø10
Ø20
R20
Ø30
R2
Ø5
14
18
13
SECTION B-B
30
45
8
R7.5
B
B
R5
24
14

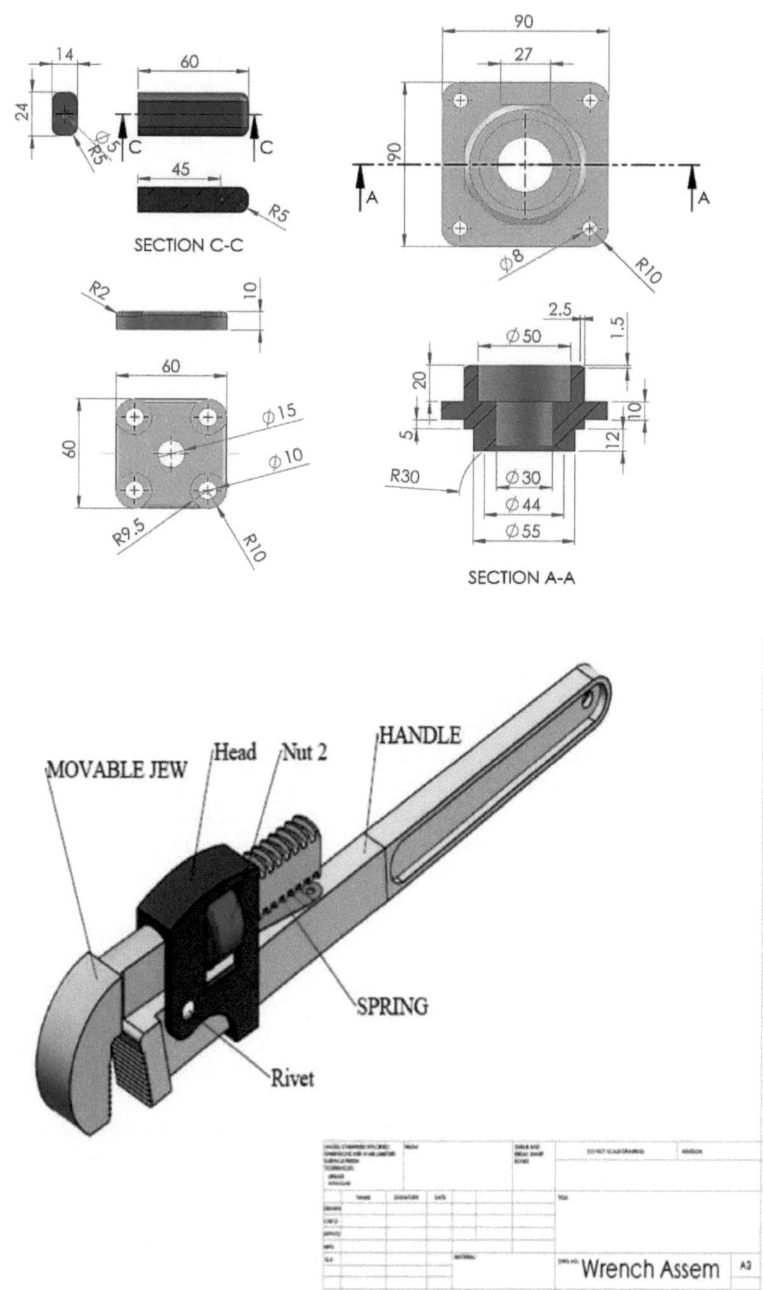
SECTION C-C
SECTION A-A
MOVABLE JEW
Head
Nut 2
HANDLE
SPRING
Rivet
Wrench Assem
A3

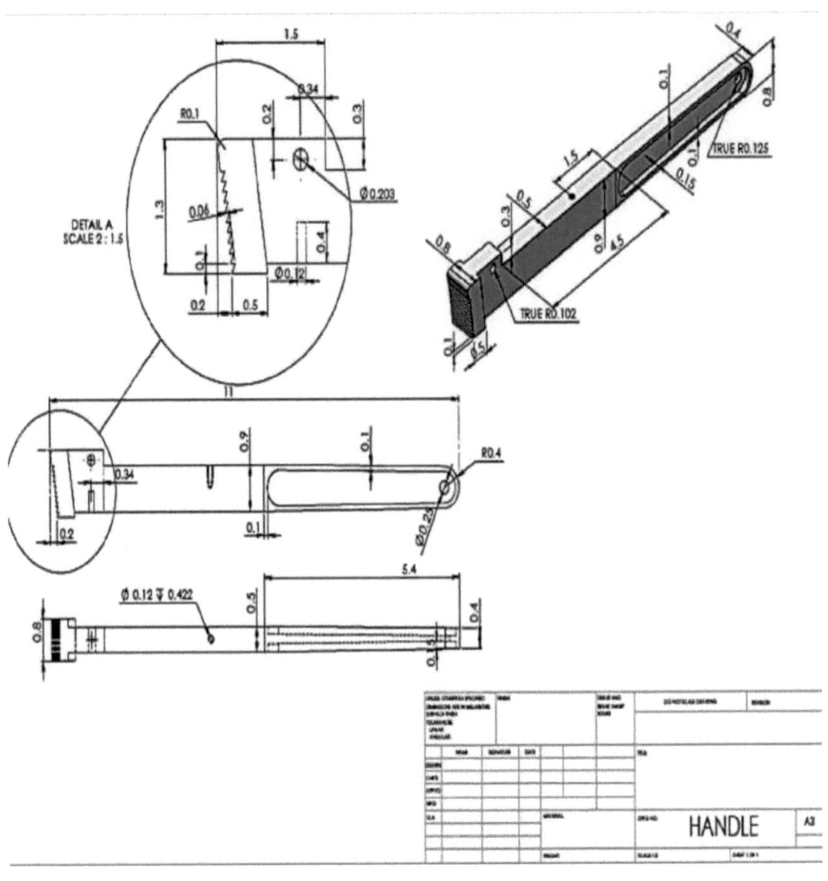
DETAIL A
SCALE 2 : 1.5
HANDLE

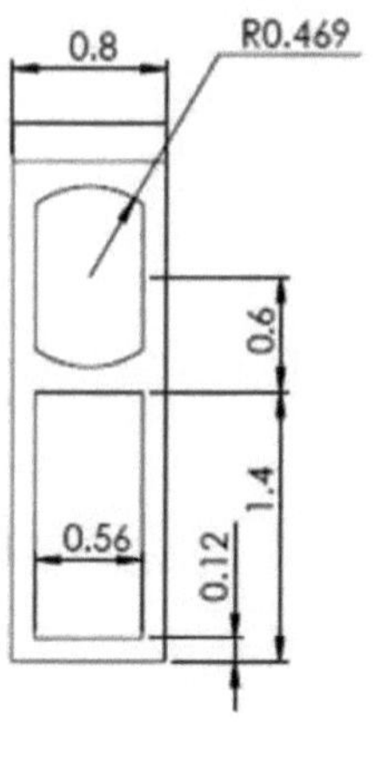

0.8
R0.469
0.6
1.4
0.56
0.12

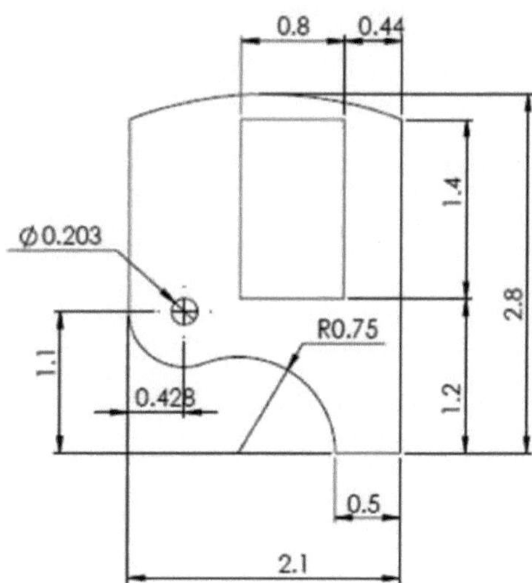

0.8
0.44
⌀0.203
1.4
2.8
R0.75
1.1
0.428
1.2
0.5
2.1

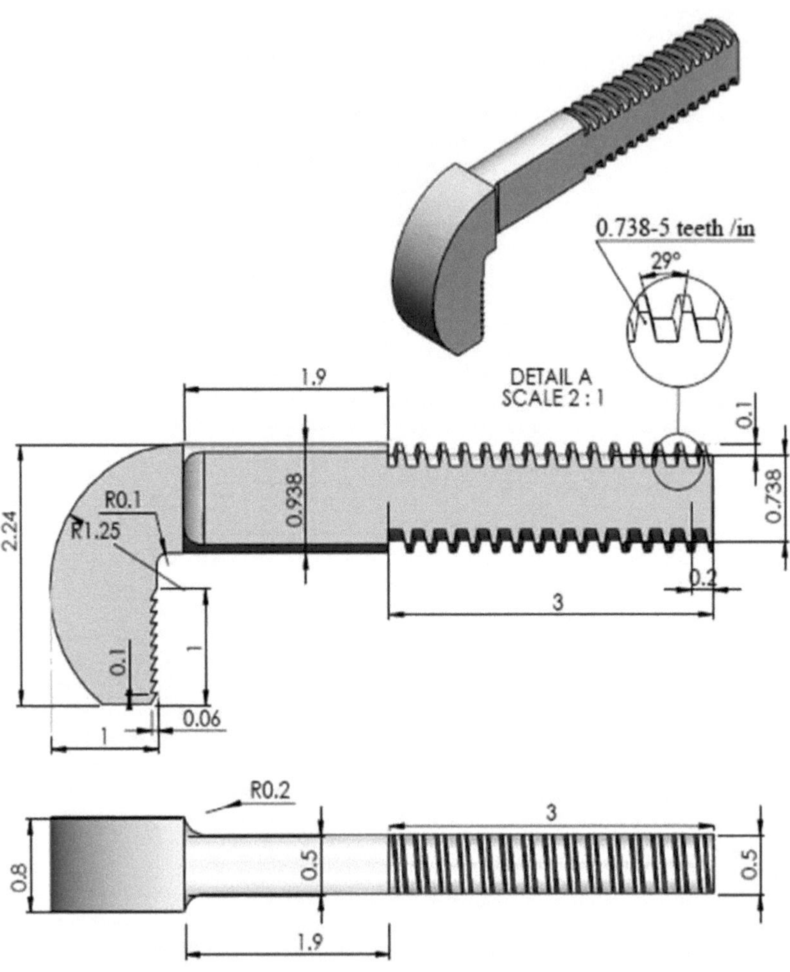

0.738-5 teeth /in
29°
DETAIL A
SCALE 2 : 1
1.9
0.1
2.24
R0.1
R1.25
0.938
0.738
0.2
3
1
0.1
0.06
1
R0.2
3
0.8
0.5
0.5
1.9

0.938 x 0.2 -5 teeth /in

SECTION A-A
SCALE 1 : 1

0.05 X 45°

A A

Ø1.24

0.7

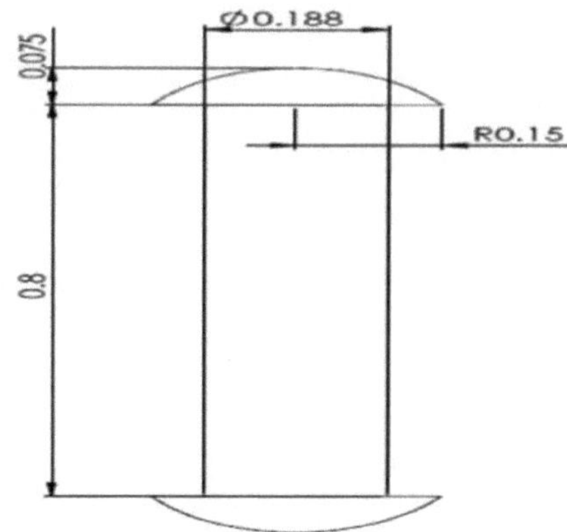

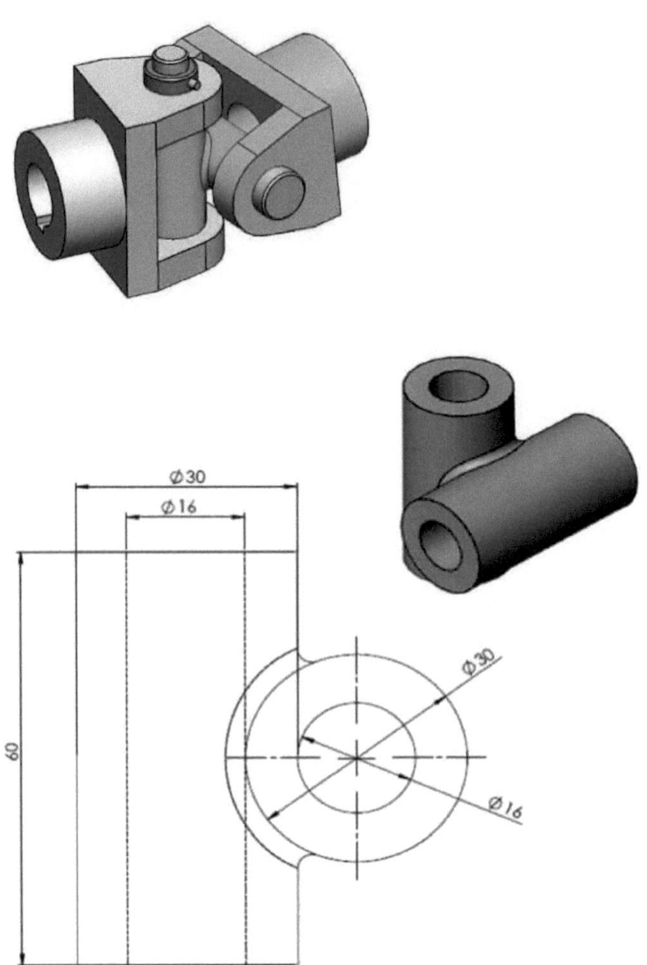
Ø30
Ø16
60
Ø30
Ø16

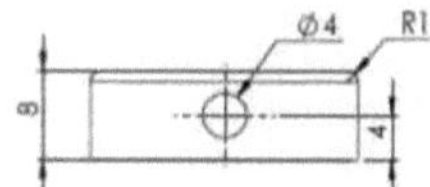
Ø4
R1
8
4

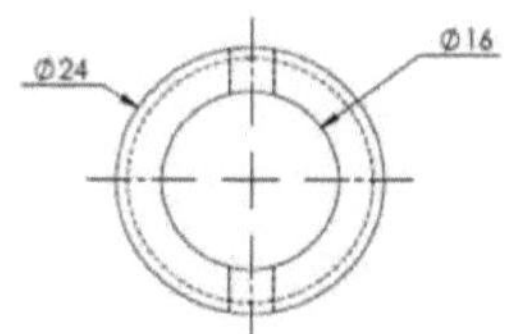
Ø24
Ø16

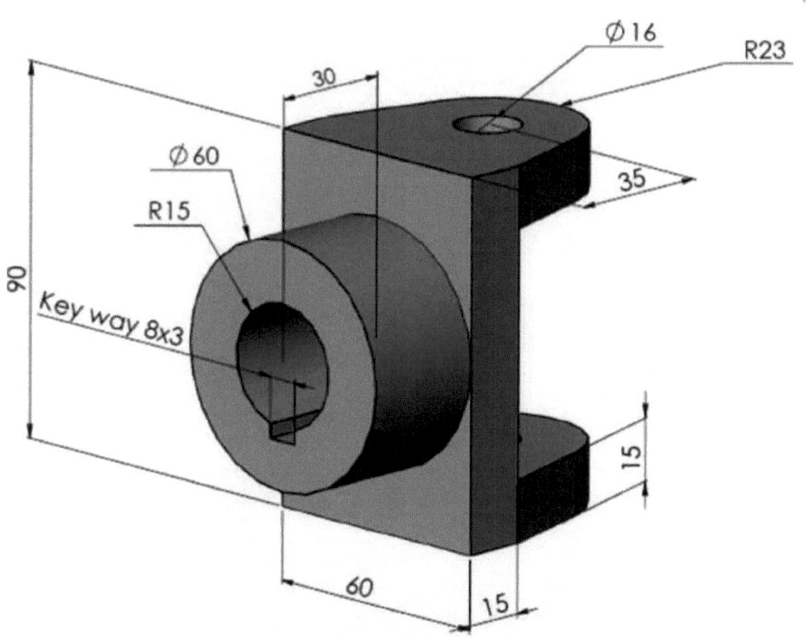
Ø16
R23
30
Ø60
35
R15
90
Key way 8x3
15
60
15

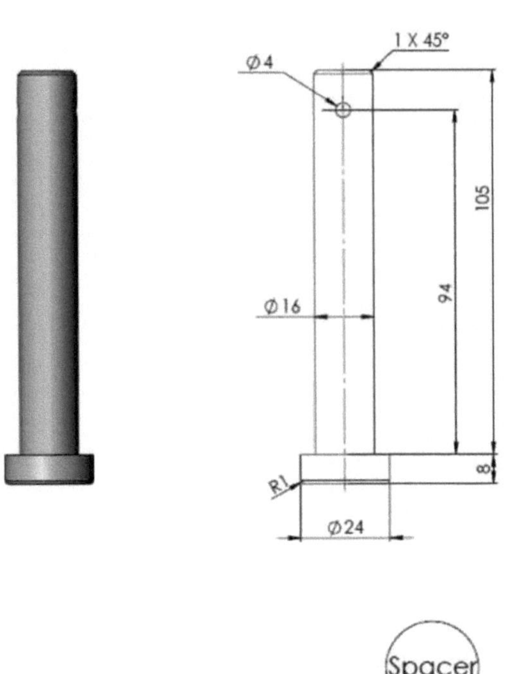
1 X 45°
Ø4
105
94
Ø16
8
R1
Ø24

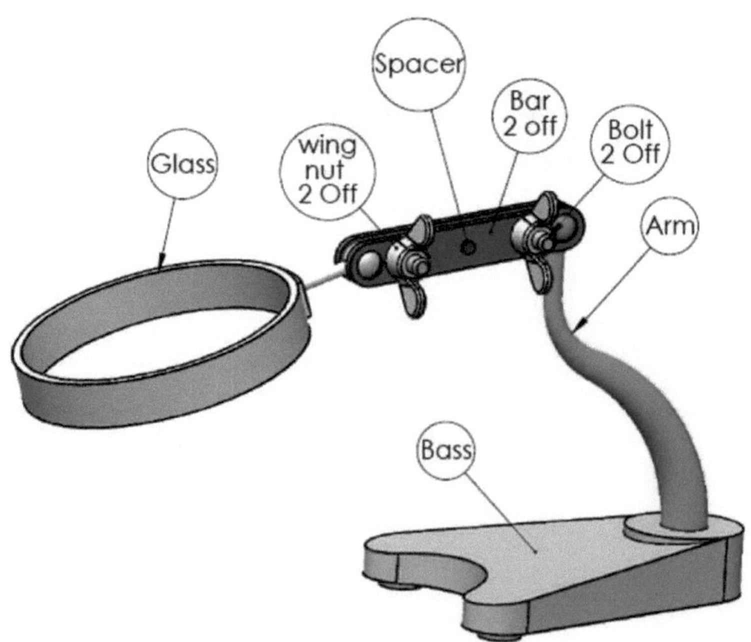
Spacer
Bar
2 off
Bolt
2 Off
Glass
wing
nut
2 Off
Arm
Bass

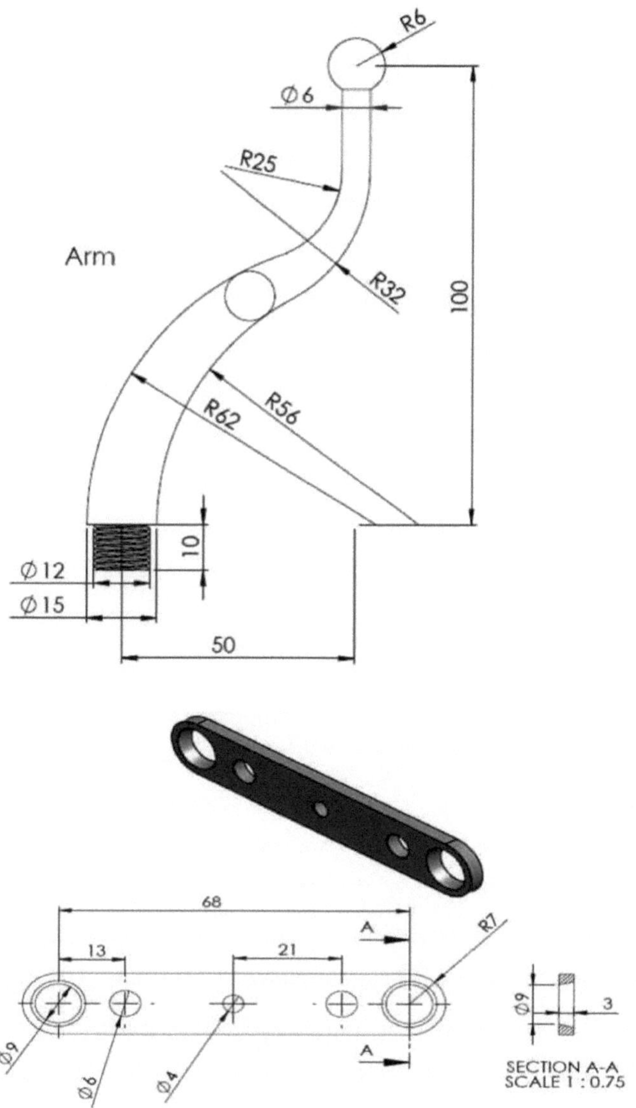
Arm
R6
Ø6
R25
R32
100
R56
R62
10
Ø12
Ø15
50
68
13
21
A
A
R7
Ø9
Ø6
Ø4
Ø9
3
SECTION A-A
SCALE 1 : 0.75

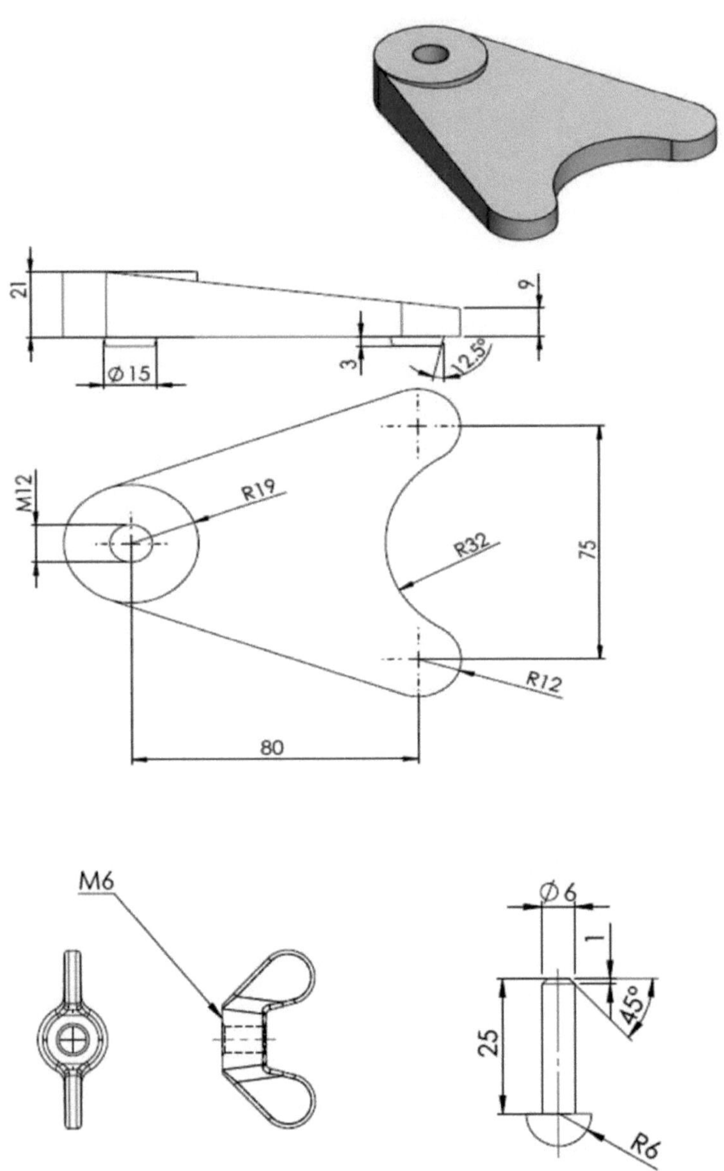
21
9
Ø15
3
12.5°
M12
R19
R32
75
R12
80
M6
Ø6
1
45°
25
R6

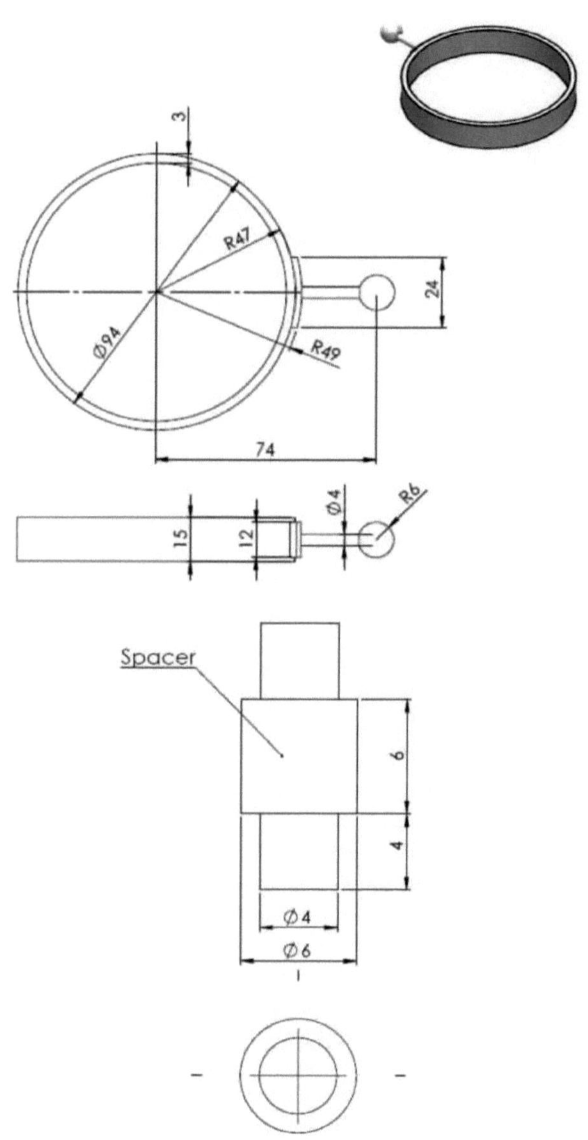
3
R47
24
Ø94
R49
74
Ø4
R6
15
12
Spacer
6
4
Ø4
Ø6

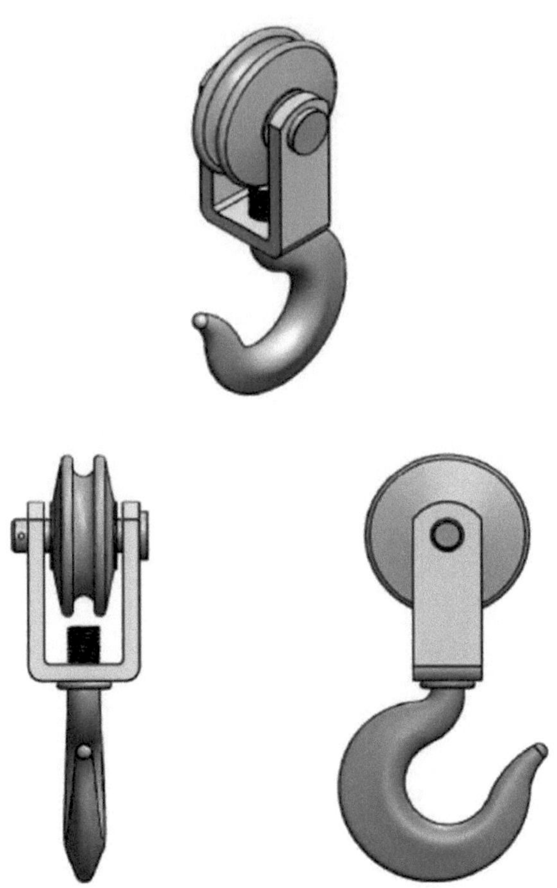

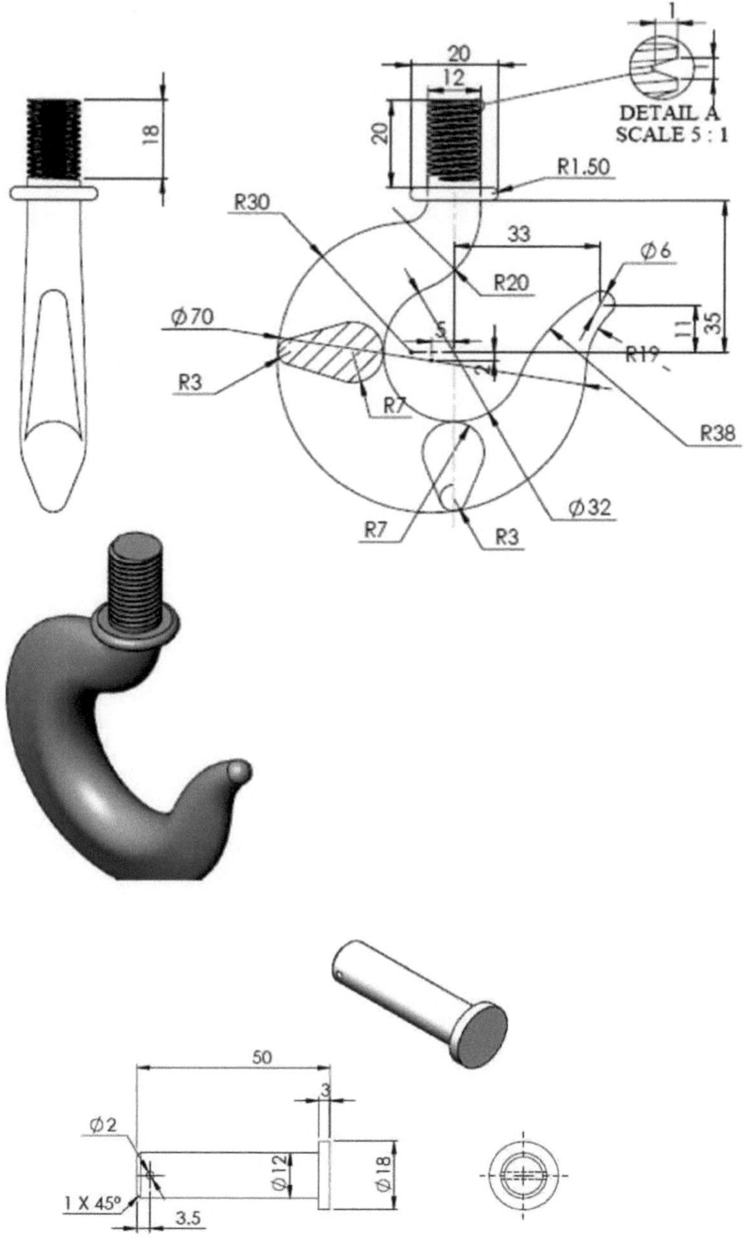
1
20
12
DETAIL A
SCALE 5 : 1
18
20
R1.50
R30
33
Ø6
R20
Ø70
5
11
35
R19
R3
R7
2
R38
Ø32
R7
R3
50
3
Ø2
Ø12
Ø18
1 X 45°
3.5

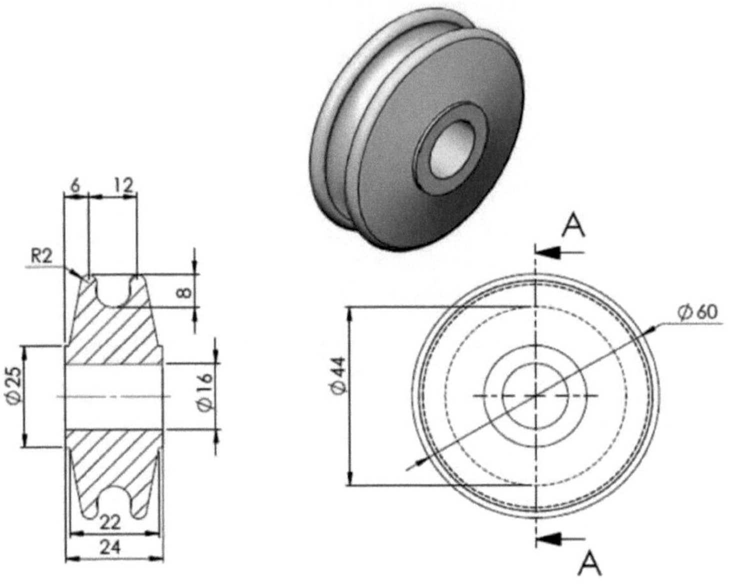

SECTION A-A

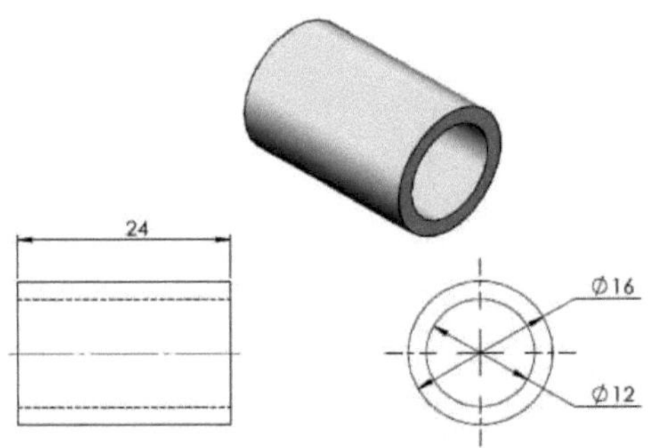

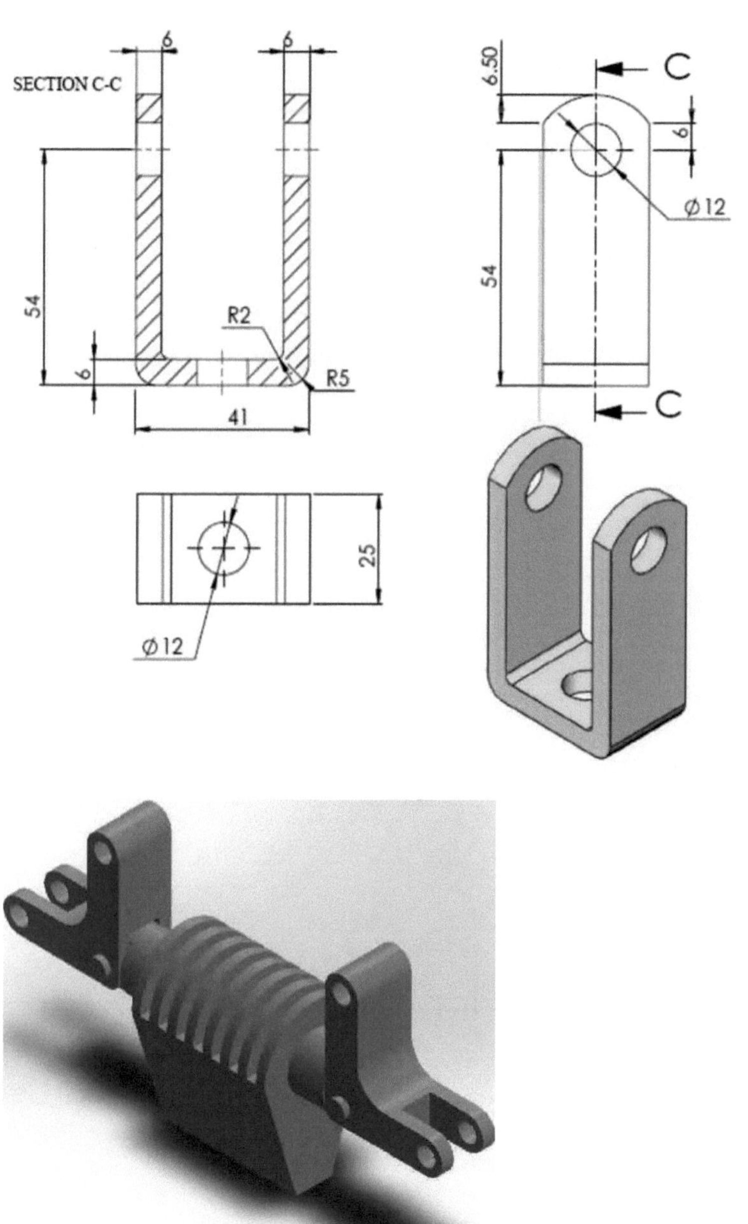
SECTION C-C
6
6
54
R2
6
R5
41
25
Ø12
6.50
C
6
Ø12
54
C

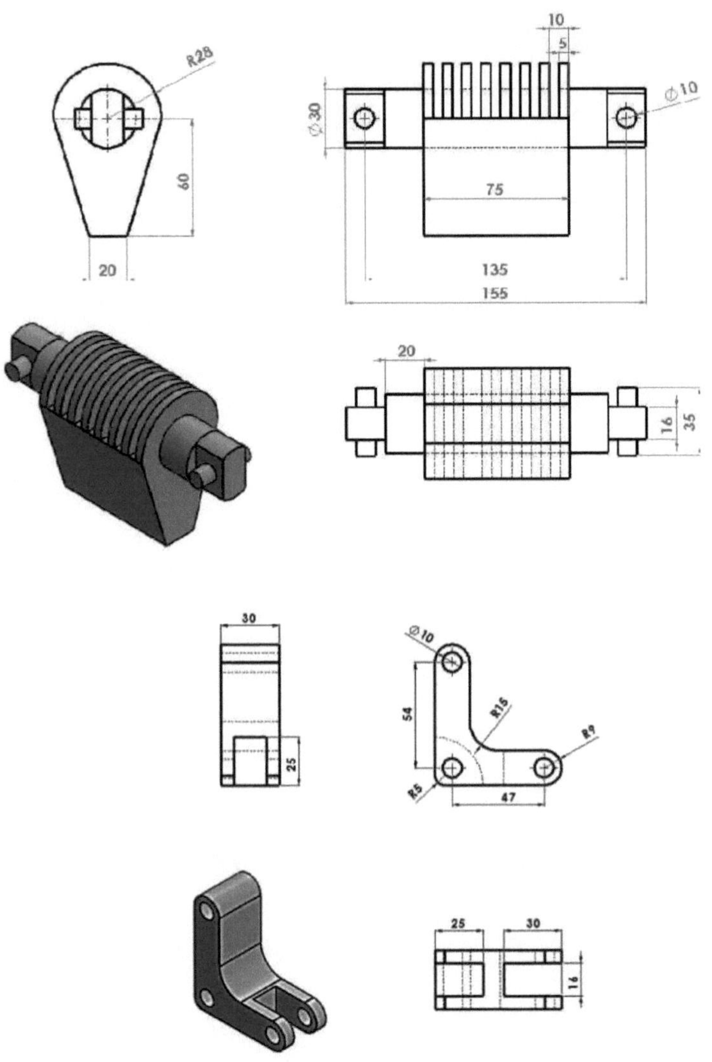
R28
60
20
10
5
Ø30
Ø10
75
135
155
20
16
35
30
25
Ø10
54
R15
R9
R5
47
25
30
16

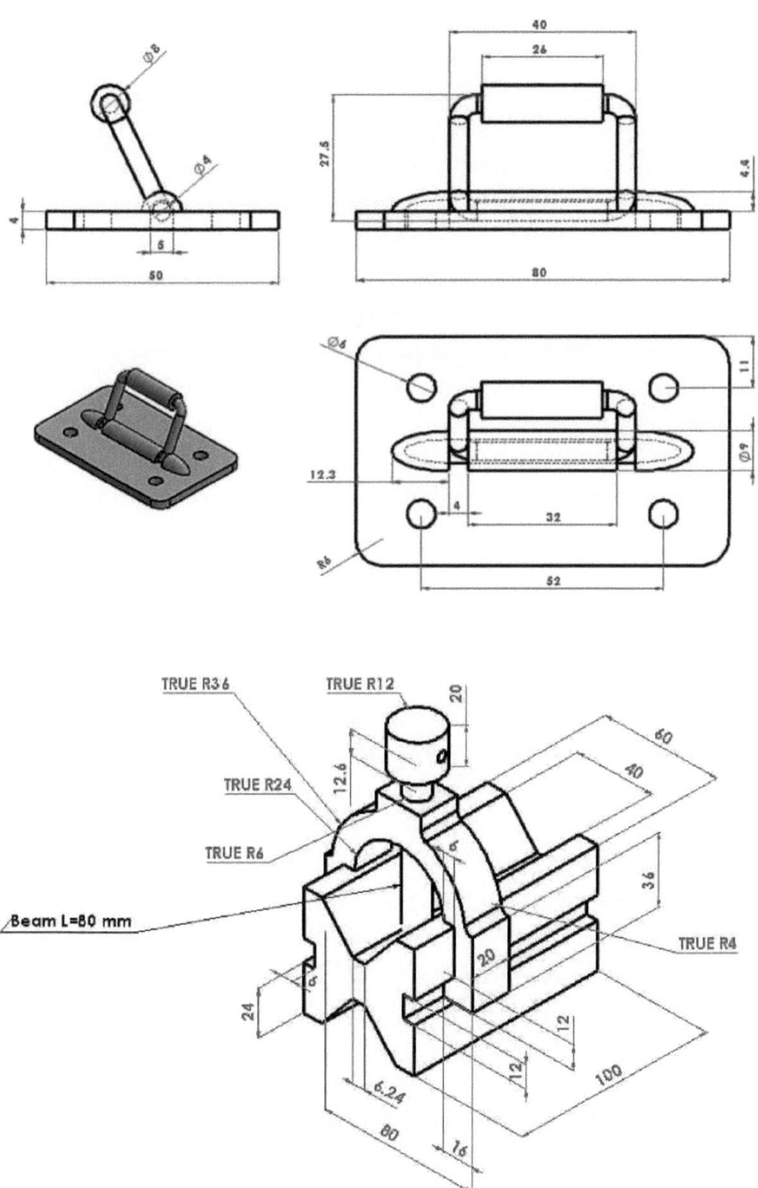

40
26
27.5
4.4
Ø8
Ø4
4
5
50
80
Ø6
11
Ø9
12.3
4
32
R6
52
TRUE R36
TRUE R12
20
60
40
12.6
TRUE R24
TRUE R6
6
36
Beam L=80 mm
TRUE R4
20
6
24
12
12
100
6.24
80
16

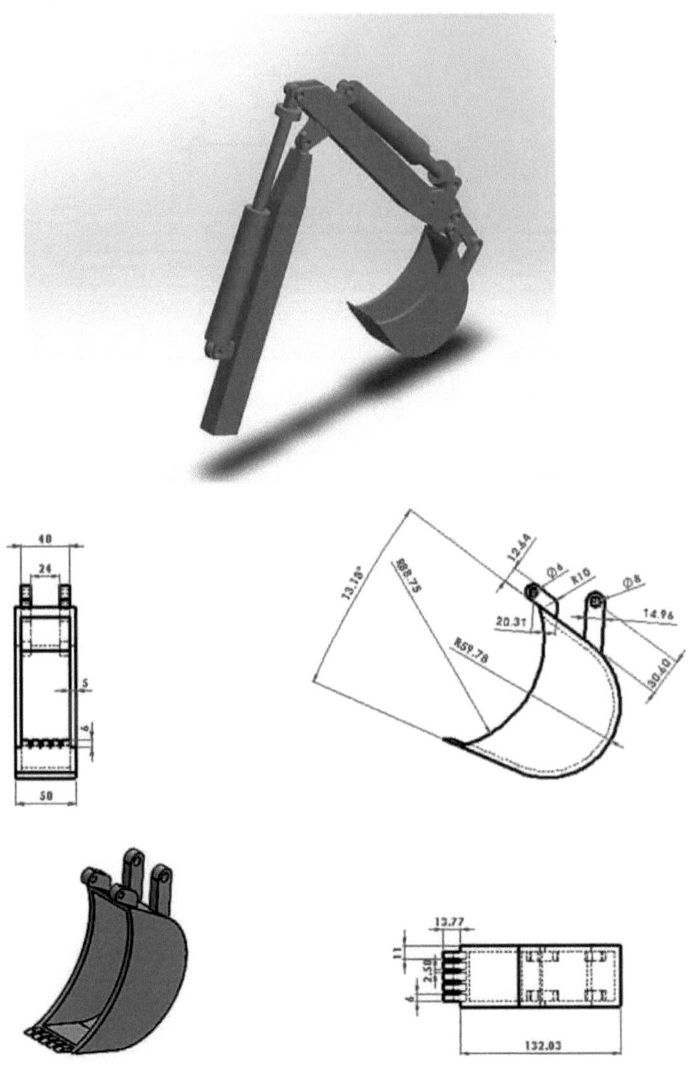
40
24
5
6
50
13.18°
R88.75
12.44
Ø4
R10
Ø8
14.96
20.31
R59.78
30.40
13.77
11
2.50
6
132.03

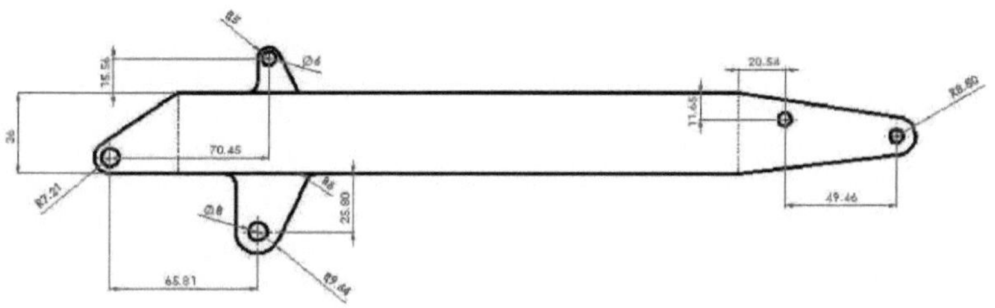
R5
Ø6
15.56
26
70.45
R7.21
Ø8
R6
25.80
65.81
R9.64
20.54
11.65
R8.50
49.46

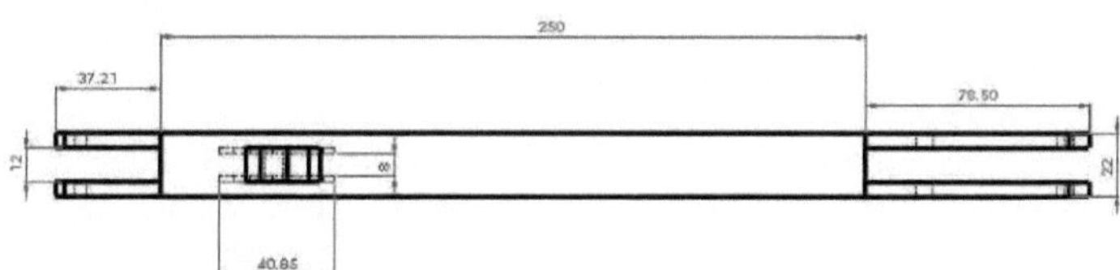
250
37.21
78.50
12
8
22
40.85

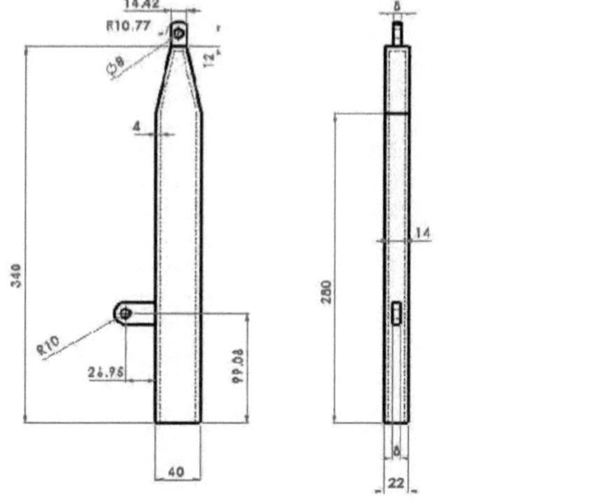
14.42
R10.77
Ø8
12
4
340
R10
26.95
99.08
40
8
14
280
8
22

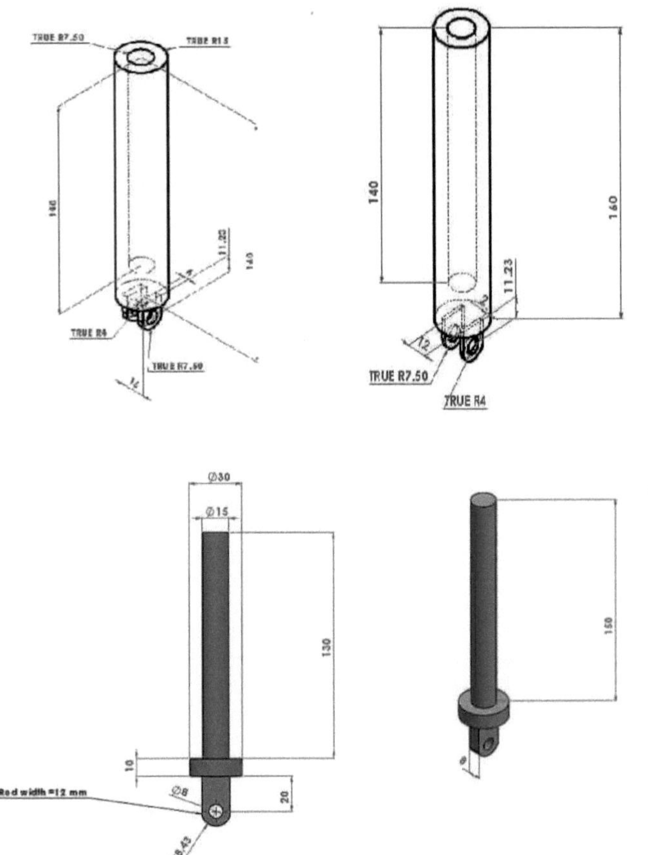
TRUE R7.50
TRUE R15
140
11.23
TRUE R4
TRUE R7.50
14
140
160
11.23
12
TRUE R7.50
TRUE R4
Ø30
Ø15
130
10
Ø8
20
Rod width =12 mm
R8.43
150

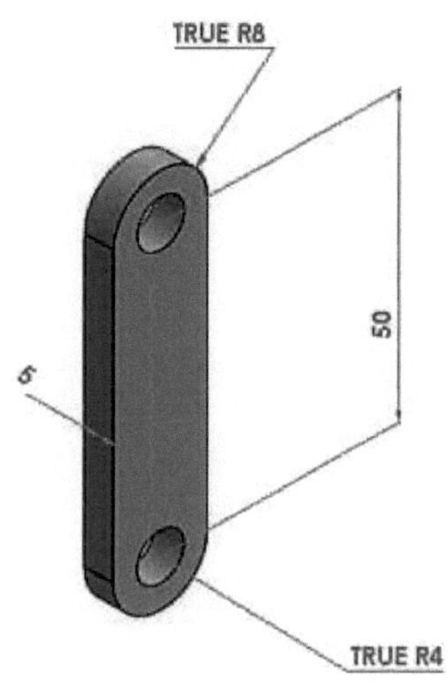
TRUE R8
50
5
TRUE R4

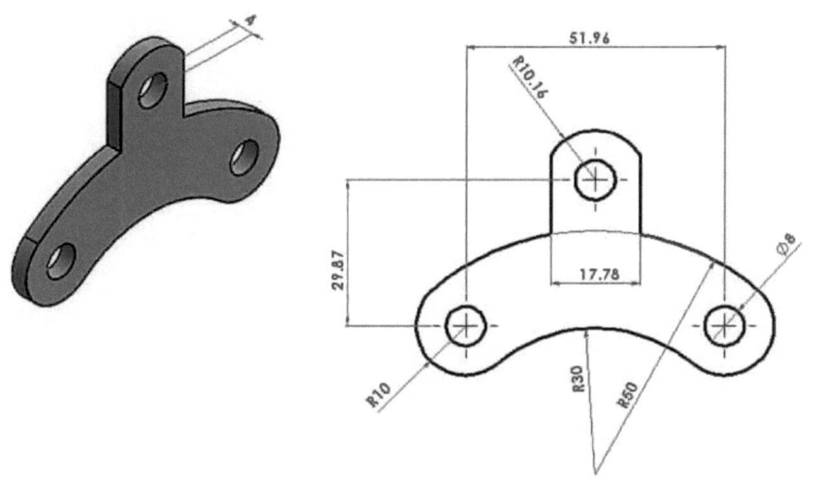
4
51.96
R10.16
29.87
17.78
Ø8
R10
R30
R50

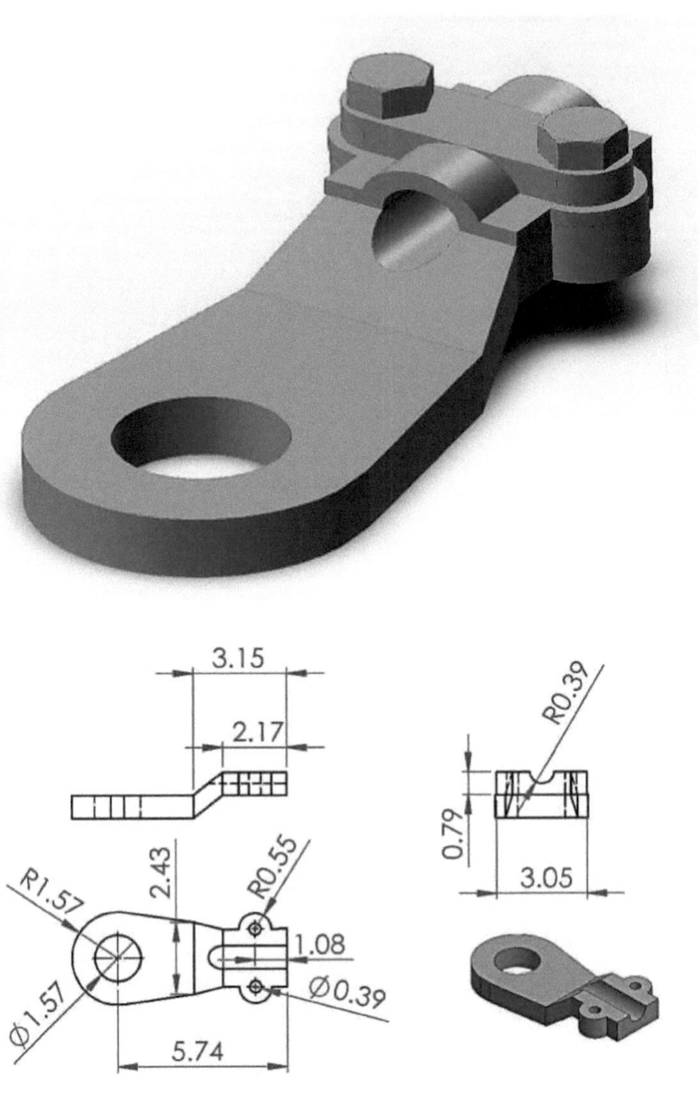
3.15
2.17
R0.39
0.79
3.05
R1.57
2.43
R0.55
1.08
Ø0.39
Ø1.57
5.74

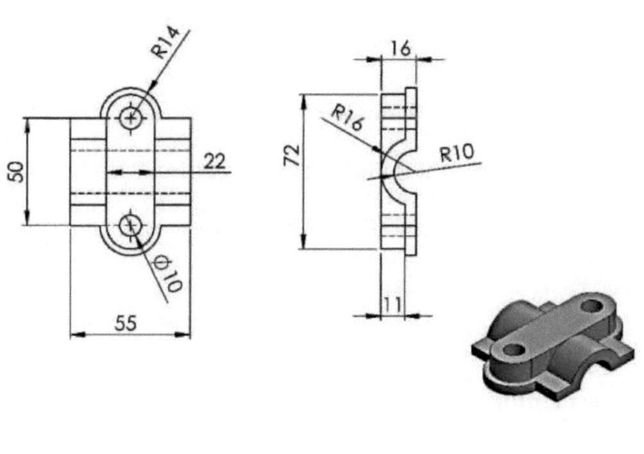
R14
50
22
Ø10
55
16
72
R16
R10
11

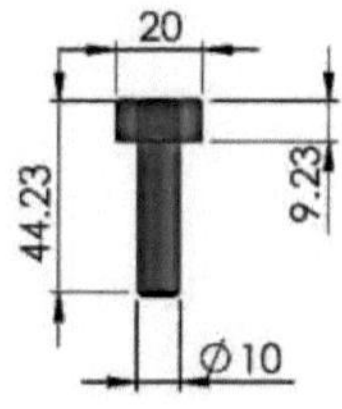
20
44.23
9.23
Ø10

Referências

1. **Aulas de CAD**, Departamento de Engenharia Mecânica, UOT, IRQ.
2. **Projeto de Engenharia e Gráficos com SolidWorks** por JamesD. Bethune,2009
3. **Solidworks** pelo Dr. AshvinDhunput e pelo Prof. AhmedKovacevic.
4. **SOLIDWORKS TEACHER TRAINING MANUAL**, porSolid solutionIreland.
5. **Desenho 3D mais fácil**, por JasonPancoast.
6. **Solidworks advanced level tutorials-part II advanced techniques,** porPaulTran.
7. **Guia para iniciantes em solidworks - nível II**, porAlejandroReyes.

Printed by Books on Demand GmbH, Norderstedt / Germany